机电工程管理与实务精华考点

嗨学网考试命题研究委员会　组织编写

杨海军　韩铎　主编

中国建筑工业出版社

图书在版编目（CIP）数据

机电工程管理与实务精华考点/嗨学网考试命题研究
委员会组织编写；杨海军，韩铎主编．—北京：中国建
筑工业出版社，2017.3
（胜券在握系列丛书）
ISBN 978-7-112-20326-0

Ⅰ.①机… Ⅱ.①嗨… ②杨… ③韩… Ⅲ.①机电工
程—管理—资格考试—自学参考资料 Ⅳ.①TH

中国版本图书馆CIP数据核字（2017）第000903号

责任编辑：牛 松 李 杰 王 磊
责任校对：赵 颖 党 蕾

胜券在握系列丛书
机电工程管理与实务精华考点
嗨学网考试命题研究委员会 组织编写
杨海军 韩铎 主编

*

中国建筑工业出版社出版、发行（北京海淀三里河路9号）
各地新华书店、建筑书店经销
北京嗨学网教育科技有限公司制版
北京市密东印刷有限公司印刷

*

开本：880×1230毫米 1/32 印张：6 字数：212千字
2017年1月第一版 2017年1月第一次印刷
定价：26.00元
ISBN 978-7-112-20326-0
（29797）
如有印装质量问题，可寄本社退换
（邮政编码 100037）

机电工程管理与实务
精华考点

主　　编	杨海军　韩　铎		
编委成员	李佳升　徐　蓉　朱培浩　杜诗乐
	郭俊辉　李四德　王　欢　王　玮
	徐玉璞　杨　彬　杨　光
监　　制	王丽媛　杜丽君
执行编辑	王倩倩　李红印
版　　权	北京嗨学网教育科技有限公司
网　　址	www.haixue.com
地　　址	北京市朝阳区红军营南路绿色家园
	媒体村天畅园 7 号楼二层

关注我们
二建公众微信二维码

前　言

　　2010年，互联网教育浪潮方兴未艾，嗨学网（www.haixue.com）顺势而生。六年来，嗨学网深耕学术团队建设、技术升级能力和用户学习体验，不断提升教育产品的质量与效用；时至今日，嗨学网拥有注册用户接近500万人，他们遍布中国大江南北乃至世界各地，正在使用嗨学产品改变着自身职场命运。

　　嗨学团队根据多年教研成果倾力打造了此套"胜券在握系列丛书"，丛书以《建设工程施工管理》、《建设工程法规及相关知识》、《建筑工程管理与实务》、《机电工程管理与实务》、《市政公用工程管理与实务》等五册考试教材为基础，依托嗨学网这一国内先进互联网职业教育平台网站，研究历年考试真题，结合专家多年实践教学经验，为广大建筑类考生呈现出了一套专业、高效、精致的辅导书籍。

　　"胜券在握系列丛书"具有以下特点：

　　重点难点考点，全面精炼准确

　　本系列丛书紧扣考试大纲，对考试中的恒重点、疑难点和常考点进行了提炼和概括，在深度剖析知识点的同时，梳理考点、突出重点、探究难点、解决疑点，对比各知识点之间的异同和联系，力求面面俱到，深入浅出。除此之外，书中还加入了许多短小有趣的"口诀"，以便加深考生对知识点的记忆。

　　规律体系趋势，精心精细精致

　　本系列丛书在全面总结各科目考试教材知识点的基础上，分析历年考试真题中各题型的分值分布占比情况，把握考试规律，合理安排知识点的分布，再结合专家对考题方向的预测，既能够为考生提供科学的学习方法，又能为考生指明复习方向。

　　名师专家网络，高效权威创新

　　本系列丛书力邀嗨学名师组成专家团队，将多年的教学经验、深厚的科研实力，以及丰富的授课技巧汇聚在一起，作为每一位考生坚实的后盾。而"嗨学网"建立的智能化网络教学平台，又能够使考生随时随地聆听专业课程，既便捷又高效。

　　本书在编写过程中虽斟酌再三，但由于时间仓促，难免存在疏漏之处，望广大读者批评指正。

　　嗨学网，愿做你学业路上的良师，春风化雨，蜡炬成灰；职业之路上的伙伴，携手并肩，攻坚克难；事业之路上的朋友，助力前行，至臻至强。

编　者

2016 年 12 月

目　录

第一篇

前导篇

一、命题思路点拨

（一）学科特点

《机电工程管理与实务》是一门将技术、管理与法规相结合，注重知识点记忆与理解的课程，内容包含三大部分，分别是机电工程施工技术、机电工程项目施工管理、机电工程项目施工相关法规与标准。

《机电工程管理与实务》考试题型包括单选题、多选题和案例题，通过历年真题可以看出，该科目考试知识点覆盖范围广，题目难度大，因此针对该科目的学习，建议考生在理解整体知识结构框架的基础上，熟记重要知识点，解决选择题，在理解掌握各知识点的基础上，攻克案例题。

（二）2017 年命题趋势预测

2H310000 机电工程施工技术，根据近年考试情况，本篇所占分值基本维持在 70 分左右，除记忆知识点应对选择题外，还应注重"起重技术、焊接技术、机械设备安装技术、电气装置安装技术、工业管道施工技术、建筑管道工程施工技术、建筑电气工程施工技术、通风与空调工程施工技术、电梯工程施工技术"等内容的学习，以应对案例题。

2H320000 机电工程项目施工管理，根据近年考试情况，本篇所占分值基本维持在 40 分左右。本篇重点内容包括：招投标管理、合同管理、施工组织设计、资源管理、技术管理、进度管理、质量管理、试运行管理以及安全管理等。

2H330000 机电工程项目施工相关法规与标准，根据近年考试情况，本篇所占分值基本维持在 10 分左右。本篇的重点是：电力法、特种设备安全法、机电工程施工相关标准。

二、应试技巧及复习方法

二级建造师考试的学习是一个艰辛而漫长的过程，很多考生在刚开始复习的时候，信心十足，但是随着时间流逝，这股信心便逐渐消失，甚至放弃考试。在此我们要求考生要拥有"轻履行远、自强不息"的心态。考试无非是万千种考试中的一种，我们没有必要将"通不过很丢人"这种观念强加于己，大家都知道，做任何事情都不可能一帆风顺，我们要放松自己的心态，同时，既然决定了考二级建造师，我们就应该做好应对困难的准备，调整好心态，树立强大的信心。在此我们建议考生按照以下三个步骤进行复习：

第一：通读教材 3 遍以上，首先对教材有一个整体的认识，明确教材所讲内容。

第二：在有限的时间内进行针对性的学习，对历年真题归纳总结不难发现"重点恒重，偏点轮换"，即 60% 的分值均集中在高频考点上，因此在有限的时间内掌握这些高频考点，便有可能取得近 60% 的分数。

第三：认真分析近 5 年真题，一是帮助我们熟悉出题者的思路和意图并了解题目难易程度；二是能够进一步把握书中重点；三是通过做题积累答题技巧、丰富答题经验。

 三、历年考试分值分布

章节	2014 年	2015 年	2016 年
2H310000 机电工程施工技术	73	71	63
2H320000 机电工程项目施工管理	38	37	50
2H330000 机电工程项目施工相关法规与标准	9	12	7

第二篇

必拿分考点篇

1

2H310000
机电工程施工技术

2H311000 机电工程常用材料及工程设备

2H311010 机电工程常用材料

必拿分考点1 机电工程常用材料

 考点精华

机电工程常用材料有金属材料、非金属材料和电气材料。

学习提示

结合关键词记忆，"金非金＋电气"。

必拿分考点2 金属材料的类型

 考点精华

金属材料分为黑色金属和有色金属；黑色金属主要是铁和以铁为基的合金，广义的黑色金属还包括锰、铬及其合金；有色金属常用的有铝、铜、钛、镁、镍及其合金。

📖 **学习提示**

区分黑色金属和有色金属。

必拿分考点 3 ｜ **生铁**

🎓 **考点精华**

碳的含量大于 2% 的铁碳合金称为生铁。

📖 **学习提示**

重点掌握生铁的含碳量。

必拿分考点 4 ｜ **铸铁**

🎓 **考点精华**

碳的含量大于 2%（一般为 2.5%~3.5%）的铁碳合金称为铸铁。按断口颜色分为：灰铸铁、白口铸铁、麻口铸铁。按生产方法和组织性能分为：普通灰铸铁、孕育铸铁、可锻铸铁、球墨铸铁、特殊性能铸铁。灰铸铁多用于制造低中参数汽轮机的低压缸和隔板。

📖 **学习提示**

结合关键字重点记忆铸铁的含碳量和灰铸铁的应用，区分铸铁按不同方式的分类。

必拿分考点 5 ｜ **钢**（2014 年多选题）

🎓 **考点精华**

碳的含量不大于 2% 的铁碳合金称为钢。按化学成分和性能分为碳素结构钢、合金结构钢、特殊性能低合金高强度钢。

1. 碳素结构钢

按屈服强度划分，对应的牌号分别为 Q195、Q215、Q235、Q255 和 Q275。其中 Q 代表屈服强度，数字为屈服强度的下限值。例如：机电工程中常见的各种型钢、钢筋、钢丝都属于碳素结构钢，优质的碳素结构钢还可以制成钢丝、钢绞线、圆钢、高强螺栓及预应力锚具（图 2H311010–1）。

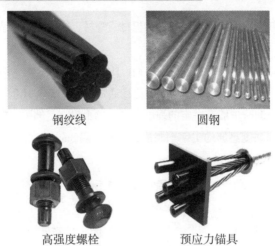

钢绞线　　　　　　　　　圆钢

高强度螺栓　　　　　　　预应力锚具

图 2H311010–1　钢绞线、圆钢、高强度螺栓和预应力锚具

2. 合金结构钢

低合金结构钢最为常用，按屈服强度划分，对应的牌号分别为 Q345、Q390、Q420、Q460、Q500、Q550 和 Q620。其中 Q 代表屈服强度，数字为屈服强度的下限值。例如：某 600MW 超临界电站锅炉汽包使用的是 Q460 型钢；机电工程施工中使用的起重机使用的是 Q345 型钢。

3. 特殊性能低合金高强度钢

特殊性能低合金高强度钢也称特殊钢，主要包括：耐候钢、耐海水腐蚀钢、表面处理钢材、汽车冲压钢板、石油及天然气管线钢、工程机械用钢、可焊接高强度钢、钢筋钢、低温用钢以及钢轨钢。

📝**学习提示**

结合关键字和图片理解记忆钢的分类及相应的用途。

必拿分考点6 | **钢材**

🎓 **考点精华**

钢材按其使用可划分为：型材、板材、管材、线材和钢制品。

1. 型材

常用的型材有：圆钢、方钢、扁钢、H 型钢、角钢、工字钢、T 型钢、槽钢、钢轨。例如：电站锅炉钢架的立柱通常采用宽翼缘 H 型钢；为确保炉膛内压力波动时炉墙有一定的强度，在炉墙上设有足够强度的刚性梁，其大部分采用强度足够的工字钢制成，一般每隔 3m 左右装设一层，各种型材截面如图 2H311010–2 所示。

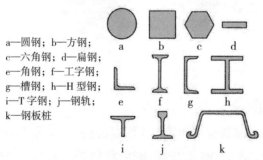

a—圆钢；b—方钢；
c—六角钢；d—扁钢；
e—角钢；f—工字钢；
g—槽钢；h—H 型钢；
i—T 字钢；j—钢轨；
k—钢板桩

图 2H311010–2 热轧型钢断面形式

2. 板材

例如：电站锅炉汽包是用钢板焊制成的圆筒形容器。中、低压锅炉汽包材料常为专用的锅炉碳素钢，高压锅炉汽包材料常用低合金钢制造。

碳素结构钢厚钢板广泛用于焊接、铆接、栓接结构，如桥梁、船舶、管线、车辆和机械。

3. 管材

常用的管材有：普通无缝钢管、螺旋缝钢管、焊接钢管、无缝不锈钢管、高压无缝钢管。例如：锅炉水冷壁和省煤器使用的无缝钢管一般采用优质碳素钢管或低合金钢管，但过热器和再热器使用的无缝钢管根据不同壁温，通常采用 15CrMo 或 12Cr1MoV 等钢材。

4.钢制品

常用的钢制品有焊条、管件、阀门，如图 2H311010-3 所示。

焊条　　　　　　　　　　　管件　　　　　　　　　阀门

图 2H311010-3　焊条、管件、阀门

📖 学习提示

型材及钢制品的应用结合图片记忆，管材分类无低、中压无缝钢管。

必拿分考点7　**铝及铝合金**

🎓 考点精华

1.纯铝的密度是 $2.7g/cm^3$，为铁的 1/3。其导电性好，磁化率低，接近于非铁磁性材料。

2.铝合金可用于制造承受较大载荷的机器零件和构件。按成分和工艺特点不同分为变形铝合金和铸造铝合金；变形铝合金可采用锻造、轧制、挤压等方法制成板材、带材、管材、线材、棒材；铸造铝合金适用于铸造生产，可直接浇铸成铝合金铸件。

📖 学习提示

按关键字提示掌握铝的特性及各种铝合金的应用。

必拿分考点8 | 铜及铜合金

📖 考点精华

1.纯铜又称紫铜，纯铜及铜合金均具有良好的<u>导电性和导热性</u>，对大气和水的抗蚀能力强，是抗磁性物质。

2.工业纯铜根据杂质含量不同分为四种：T1、T2、T3、T4，编号越大，纯度越低。T1 主要用于导电材料和配制高纯度合金；T2 主要用于电力输送用导电材料，如制作电线、电缆等；T3、T4 主要用于电机、电工器材、电气开关、垫圈、铆钉、油管等。

3.铜合金有黄铜、青铜和白铜，其具有较高的强度和硬度，<u>塑性好，易成形，易焊接</u>，铸造铜合金有很好的铸造性能。

1）黄铜是以锌为主要合金元素的铜合金。

2）青铜是以<u>铝、硅、铅、铍、锰</u>等为主要元素的铜合金，有锡青铜、铝青铜、铍青铜等。

3）白铜是以镍为主要合金元素的铜合金。

📖 学习提示

需按【考点精华】关键字提示，理解记忆此考点。

必拿分考点9 | 钛及钛合金

📖 考点精华

1.熔点高、热膨胀系数小、导热性差，纯钛塑性好、强度低、易加工成型。

2.工业纯钛含氢、碳、氧、铁、镁等杂质元素，可用于制作在 350℃以下工作且强度要求不高的零件。

3.例如，β 钛合金一般在 350℃以下使用，适用于制造压气机叶片、轴、轮盘等重载的回转件等。

📝 学习提示

按关键字提示掌握钛的特性。

必拿分考点 10　镁及镁合金

🏠 考点精华

1. 纯镁的室温密度为 $1.74g/cm^3$，是所有金属结构材料中最低的。

2. 镁合金按形成的工艺特点不同分为变形镁合金和铸造镁合金。变形镁合金用于结构件、管件；铸造镁合金用于压铸件、抗蠕变压铸件。

📝 学习提示

需按【考点精华】关键字提示，理解记忆此考点。

必拿分考点 11　镍及镍合金

🏠 考点精华

1. 纯镍具有耐腐蚀和抗高温氧化性能，是重要的工程金属材料。工业纯镍具有良好的强度和导电性，可用于电子器件，同时由于其耐腐蚀性好，可用于食品加工设备。

2. 镍合金按特性和应用领域划分：耐腐蚀镍合金、耐高温镍合金、功能镍合金。耐腐蚀镍合金可用于化工、石油、船舶等领域，如阀门、泵、船舶紧固件、锅炉热交换器；耐高温镍合金广泛用于航空发动机和运载火箭发动机涡轮盘、压气机盘。

📝 学习提示

需按【考点精华】关键字提示，理解记忆此考点。

必拿分考点 12 **非金属材料的类型**（2016 年多选题）

🎓 **考点精华**

1. 非金属材料

包括高分子材料和无机非金属材料，高分子材料是以高分子化合物为基的材料的总称，按性能和用途可分为塑料、橡胶、纤维、胶粘剂、涂料和高分子基复合材料。

2. 塑料

按物理化学性能分为热塑性塑料和热固性塑料，按用途分为通用塑料和工程塑料。

1）通用塑料

通用塑料一般指用量大、用途广、成型性好、价格低廉的塑料，如聚乙烯、聚丙烯、聚氯乙烯、聚苯乙烯、酚醛塑料和氨基塑料。

①聚乙烯（PE）：强度较低、耐热性不高，但具有优良的耐腐蚀性和电绝缘性，耐低温冲击、易加工，按生产方式不同分为高压、中压和低压三类。

②聚丙烯（PP）：强度、硬度、刚度和耐热性均优于低压聚乙烯，常用于制造容器、储罐、阀门。

③聚氯乙烯（PVC）：强度、刚度比聚乙烯好。硬质聚氯乙烯常用于制作化工耐蚀的结构材料及管道、电绝缘材料；软质聚氯乙烯主要用于制造电线电缆的套管、密封件。

④聚苯乙烯（PS）：是良好的刚性材料，但质脆而硬，不耐冲击，耐热性低，主要用来生产注塑产品，如制作仪表透明罩板、外壳等。

2）工程塑料

工程塑料具有良好的力学性能和尺寸稳定性，如 ABS 塑料、聚酰胺、聚碳酸酯、聚甲醛。

① ABS 塑料：缺点是可燃热变形温度较低、耐候性较差、不透明。用于制造机器零件、各种仪表的外壳、设备衬里。

②聚酰胺（PA）：缺点是吸湿性大，对强酸、强碱、酚类等抵抗力较差，易老化。常用于代替铜及其他有色金属制作机械、化工、电器零件。

③聚碳酸酯（PC）：缺点是耐候性不够理想，长期暴晒容易出现裂纹。

3. 涂料

按其涂膜的特殊功能可分为绝缘漆、防锈漆、防腐漆。

学习提示

掌握高分子材料的种类及涂料按涂膜的特殊功能分类，对比记忆各种塑料的优缺点及适用范围。

必拿分考点 13　机电工程中常用的非金属材料

考点精华

1. 砌筑材料

常用的砌筑材料包括耐火黏土砖、普通用高铝砖、轻质耐火砖、耐火水泥、硅藻土质隔热材料、轻质黏土砖、石棉绒、石棉水泥板、矿渣棉、蛭石和浮石，一般用于各类炉窑砌筑工程。

2. 绝热材料

常用的绝热材料有膨胀珍珠岩类、离心玻璃棉类、超细玻璃棉类、微孔硅酸壳、矿棉类、岩棉类、泡沫塑料等，常用于保温、保冷的各类容器、管道、通风空调管道等绝热工程。

3. 防腐材料

常用的防腐材料有：陶瓷制品、塑料制品、橡胶制品、玻璃钢制品、油漆及涂料制品。其中，橡胶制品常用于密封件、衬板和衬里。

4. 非金属风管

酚醛复合风管适用于低、中压空调系统及潮湿环境，但对高压及洁净空调、酸碱环境和防排烟系统不适用；聚氨酯复合风管适用于低、中、高压洁净空调系统及潮湿环境，但对酸碱环境和防排烟系统不适用；玻璃纤维复合风管适用于中压以下空调系统，但对洁净空调、酸碱环境和防排烟系统以及相对湿度 90% 以上的系统不适用；硬聚氯乙烯风管适用于洁净室含酸碱的排风系统。

5. 塑料及复合材料水管

1）聚乙烯塑料管：无毒，可用于输送生活用水。

2）涂塑钢管：具有优良的耐腐蚀性能和较小的摩擦阻力。环氧树脂涂塑钢管适用于排水、海水、温水、油、气体等介质的输送，聚氯乙烯（PVC）涂塑钢管适用于排水、海水、油、气体等介质的输送。

3）ABS 工程塑料管：耐腐蚀、耐温及耐冲击性能均优于聚氯乙烯管。

4）聚丙烯管：用于流体输送，按压力分为 Ⅰ 、 Ⅱ 、 Ⅲ 三种类型，常温下的工作压力分别为 0.4MPa、0.6MPa、0.8MPa。

5）硬聚氯乙烯排水管及管件：用于建筑工程排水，耐化学性和耐热性满足工艺要求的条件下也可用于工业排水。

📖 学习提示

非金属风管材料的适用范围根据表 2H311010 采用字数对应法记忆。

非金属风管材料的适用范围　表 2H311010

名称	适用范围
酚醛复合风管	低、中压空调系统及潮湿环境
聚氨酯复合风管	低、中、高压洁净空调系统及潮湿环境
玻璃纤维复合风管	中压以下空调系统
硬聚氯乙烯风管	洁净室含酸碱的排风系统

必拿分考点14　**电线电缆的类型及应用**（2015 年多选题）

🎓 考点精华

1. 阻燃型仪表电缆

抗干扰性能强，电气性能稳定，能可靠地传送交流 300V 及以下的数字信号和模拟信号，敷设时环境温度不低于 0℃，弯曲半径不小于电缆外径的 10 倍。

2. 裸导线

导线表面没有绝缘材料，如：硬圆单线、铝绞线及钢芯铝绞线、铝合金绞线及钢芯铝合金绞线等，主要用于架空电力线路。

3. 绝缘导线

1）导线表面有绝缘材料。

2）橡皮绝缘电线生产工艺比聚氯乙烯绝缘电线复杂，且橡皮绝缘的绝缘物中某些化学成分会对铜线产生化学作用，因此基本被聚氯乙烯绝缘电线替代。

3）绝缘软电线主要用在需要柔性连接的可动部位。

4）一般家庭和办公室照明通常采用 BV 型或 BX 型聚氯乙烯绝缘铜芯电线；机电安装工程现场电焊机至焊钳的连线通常采用 RV 型聚氯乙烯绝缘平行铜芯软线，因为电焊位置不固定、多移动，如图 2H311010-4 所示。

图 2H311010-4　RV 型聚氯乙烯绝缘平行铜芯软线

4. 电力电缆

1）聚氯乙烯电缆：VLV、VV，不能承受机械外力，可敷设在室内，隧道内及管道内；VLV$_{22}$、VV$_{22}$，能承受机械外力，但不能承受大的拉力，可敷设在地下；VLV$_{32}$、VV$_{32}$，能承受机械外力，且可承受相当大的拉力，可敷设在高层建筑的电缆竖井内及潮湿场所。

2）交联聚乙烯电缆：YJLV、YJV，不能承受机械外力。

3）舟山至宁波的海底电缆使用的是 VV$_{59}$ 型电缆，因为它可以承受较大的拉力，具有防腐能力，且适用于敷设在水中；浦东新区大连路隧道中敷设的跨黄浦江电力电缆采用的是 YJV 型电缆，因为在隧道里电缆不会受到机械外力作用，也不需要承受大的拉力。

5. 控制电缆

控制电缆常用于电气控制系统和配电装置内，芯线截面较小，通常在 $10mm^2$ 以下，多采用铜导体，绝缘芯主要采用同心式绞合，也有部分控制电缆采用对绞式，控制电缆线芯长期允许工作温度为 65℃。

📖 学习提示

需按【考点精华】关键字提示，理解记忆此考点；VV 或 VLV 等后面的数值越大，其能够承受的外力越大；要重点记忆电力电缆和控制电缆相关知识点。

必拿分考点 15 | 绝缘材料的类型及应用

🎓 考点精华

机电工程中常用的绝缘材料按物理状态可分为气体绝缘材料、液体绝缘材料和固体绝缘材料。

1）气体绝缘材料：空气、氮气、二氧化硫、六氟化硫（SF6）。

2）液体绝缘材料：变压器油、断路器油、电容器油、电缆油。

📖 学习提示

能够区分气体绝缘材料和液体绝缘材料。

2H311020 机电工程常用工程设备

必拿分考点 16 | 通用机械设备的分类

🎓 考点精华

机电工程通用机械设备是指通用性强、用途广泛的机械设备，一般分为切削设备、锻压设备、铸造设备、输送设备、风机、泵、压缩机。

📝**学习提示**

记忆口诀：笨（泵）小（切削设备）猪（铸造设备）押（压缩机、锻压设备）题输（输送设备）疯（风机）了。

必拿分考点 17 泵、风机、压缩机（2015 年多选题）

🏠 **考点精华**

1. 泵、风机、压缩机见图 2H311020，性能参数如表 2H311020-1 所示：

泵、风机、压缩机性能参数 表 2H311020-1

名称	性能参数
泵	流量、扬程、功率、效率、转速、比转数
风机	流量、风量、全风压、动压、静压、功率、效率、转速、比转速
压缩机	容积、流量、吸气压力、排气压力、工作效率

泵　　　　　　　　　风机　　　　　　　　压缩机

图 2H311020　泵、风机、压缩机

2. 一幢 30 层（98m）高层建筑，其消防水泵的扬程应在 130m 以上。

3. 按压缩气体方式分：压缩机可分为容积型和速度型两大类，按结构形式和工作原则不同，容积型压缩机又分为往复式（活塞式、膜式）、回转式（滑片式、螺杆式、转子式），速度型压缩机可分为轴流式、离心式、混流式。

📝**学习提示**

根据以上表格对比记忆泵、风机、压缩机的性能参数。

必拿分考点 18   其他通用设备

🎓 **考点精华**

1. 输送设备

输送设备按有无牵引件分为：具有挠性牵引件的输送设备，如带式输送机、板式输送机、刮板输送机、提升机、架空索道等；无挠性牵引件的输送设备，如螺旋输送机、辊子输送机、振动输送机、气力输送机等。

2. 切削设备

金属切削机床的基本参数包括尺寸参数、运动参数和动力参数。

3. 锻压设备

锻压设备的基本特点是力大，故多为重型设备，通过对金属施加压力使其成型，锻压设备上设有安全防护装置，以保障设备和人身安全。

4. 铸造设备

铸造设备按造型方法分为普通砂型铸造设备和特种铸造设备。

✎ **学习提示**

需按【考点精华】关键字提示，理解记忆此考点。

必拿分考点 19   专用机械设备的分类（2014 年多选题）

🎓 **考点精华**

1. 专用设备是指专门针对某一种或一类对象或产品，实现一项或几项功能的设备。例如：发电设备、矿业设备、轻工设备、纺织设备、石油化工设备、冶金设备以及建材设备。

2. 矿业设备

矿业设备包括：采矿设备和选矿设备等。

1）采矿设备包括：提升设备、输送设备。

2）选矿设备包括：破碎设备、筛分设备、磨矿设备、选别设备。

3.石油化工设备包括：工艺塔类设备、反应设备、换热设备、分离过滤设备、储存设备、橡胶塑料机械等。

1）反应设备（R）：如反应器、反应釜、分解锅、聚合釜。

2）换热设备（E）：如管壳式余热锅炉、热交换器、冷却器、冷凝器、蒸发器。

3）分离设备（S）：如分离器、过滤器、集油器、缓冲器、洗涤器。

4）储存设备（C，球罐代号为B）：如各种形式的储槽、储罐。

📖 学习提示

需按【考点精华】关键字提示，理解记忆此考点，并会区分反应设备、换热设备、分离设备及储存设备中所包含的各种设备。

必拿分考点 20 | **电气设备的分类和性能**（2016年多选题）

🏠 考点精华

1.电动机的分类和性能

1）电动机的分类

按工作电源分为直流电动机、交流电动机；按结构及工作原理分为直流电动机、同步电动机、异步电动机。

2）电动机的性能（表2H311020-2）

电动机性能 表2H311020-2

电机	应用	特点	缺点
直流电动机	拖动对调速要求较高的生产机械	具有较大的启动转矩和良好的启动、制动性能，易于在较宽范围内实现平滑调速	结构复杂、价格高
同步电动机	拖动恒速运转的大中型低速机械	转速恒定、功率因数可调	结构复杂、价格较贵、启动麻烦
异步电动机	与直流电动机相比，启动性能和调速性能较差		
	与同步电动机相比，功率因数不高，对电网运行不利		

2. 变压器的分类和性能

1）变压器的分类

变压器是输送交流电时所使用的一种变换电压和变换电流的设备。根据变换电压不同可分为升压变压器和降压变压器；根据冷却方式可分为干式、油浸式、油浸风冷式。

2）变压器的性能

变压器的主要技术参数有：额定容量、额定电压、额定电流、短路阻抗、连接组别、绝缘等级和冷却方式。

3. 高压电器及成套装置的分类和性能

1）高压电器是指交流电压 1000V、直流电压 1500V 以上的电器。高压成套装置是指由一个或多个高压开关设备和相关的控制、测量、信号、保护等设备通过内部的电气、机械连接和外部的结构部件组合形成的一种组合体。

2）高压电器及成套装置的性能由其在电路中所起的作用来决定，主要有：通断、保护、控制和调节四大功能。

4. 低压电器及成套装置的分类和性能

1）低压电器是指交流电压 1000V、直流电压 1500V 及以下的电器。低压成套装置是指由一个或多个低压开关设备和相关的控制、测量、信号、保护等设备通过内部的电气、机械连接和外部的结构部件组合形成的一种组合体。

2）低压电器及成套装置的性能由其在电路中所起的作用来决定，主要有：通断、保护、控制和调节四大功能。

5. 电工测量仪器仪表的分类和性能

电工测量仪器仪表分为指示仪表和比较仪表，其性能由被测量对象决定，测量对象不同，性能有所区别。

🖉学习提示

电动机的性能需重点掌握并对比记忆；变压器的技术参数需重点掌握；高、低压电器的电压等级及其主要作用需重点掌握，其主要作用可按口诀记忆，"通报空调，通（通断）报（保护）空（控制）调（调节）"。

2H312000 机电工程专业技术

2H312010 机电工程测量技术

必拿分考点 21 **工程测量的原理**（2015、2016 年单选题）

🎓 考点精华

1. 水准测量原理

水准测量原理是利用水准仪和水准标尺，根据水平视线原理测定两点间高差的方法，测定待测点高程的方法有高差法和仪高法。

1）高差法

利用水准仪和水准标尺测量待测点与已知点之间的高差，通过计算得到待测点的高程。

2）仪高法

利用水准仪和水准标尺，通过计算一次水准仪的高程，即可测算几个前视点的高程。当安置一次仪器，同时需要测出数个前视点的高程时，使用仪高法。

2. 基准线测量原理

基准线测量原理是利用经纬仪和检定钢尺，根据两点成一直线原理测定基准线，测定待测点位的方法有水平角测量和竖直角测量。

1）安装基准线的设置

安装基准线一般是直线，只要定出两个基准点，就构成一条基准线。平面安装基准线不少于纵横 2 条。

2）安装标高基准点的设置

根据设备基础附近水准点，用水准仪测出标高具体数值。相邻安装基准点高差应在 0.5mm 以内。

3）对于埋设在基础上的基准点，<u>在埋设后就开始第一次观测</u>，随后的观测在设备安装期间连续进行。

📝**学习提示**

水准测量原理和基准线测量原理等内容均为考试重点。

必拿分考点 22 **平面控制测量**

🎓 **考点精华**

1.工程测量的基本程序

建立测量控制网→设置纵横中心线→设置标高基准点→设置沉降观测点→安装过程测量控制→实测记录。

2.平面控制网的坐标系统，应满足测区内<u>投影长度变形值不大于2.5cm/km</u>。

3.平面控制网的测量方法有：<u>三角测量法、导线测量法、三边测量法</u>。

1）三角测量法的技术要求：

①各等级的首级控制网，宜布设为近似等边三角形的网，<u>三角形内角不应小于30°</u>，当受地形限制时，个别角可放宽，但不应小于25°。

②加密的控制网，可采用插网、线形网或插点等形式。

2）导线测量法的技术要求：

①当导线平均边长较短时，<u>应控制导线边数</u>；

②导线宜布设成<u>直伸形状</u>，相邻边长不宜相差过大；

③当导线网用作首级控制时，应布设成环形网，网内不同环节上的点不宜相距过近；

④各等级三边网的起始边至最远边之间的<u>三角形个数不宜多于10个</u>。

3）三边测量法的技术要求：

各等级三边网的边长宜近似相等，其组成的各内角宜符合规定。

导线测量法、三角测量法、三边测量法如图 2H312010 所示。

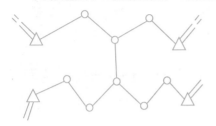 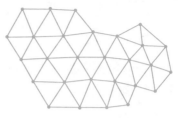

导线测量法　　　　　　　　　三角、三边测量法

图 2H312010　导线测量法、三角测量法、三边测量法

✎**学习提示**

需按【考点精华】关键字提示，理解记忆此考点。

必拿分考点*23*　**高程控制测量**

🎓 **考点精华**

1. 高程测量的方法有水准测量法、电磁波测距三角高程测量法，常用水准测量法。

2. 水准测量法的技术要求：

1）各等级的水准点，应埋设水准标石，水准点应选在土质坚硬、便于长期保存和使用方便的地方，墙水准点应埋设在稳定的建筑物上，点位应便于寻找、保存和引测。

2）一个测区及其周围至少应有 3 个水准点。

3）设备安装过程中，测量时最好使用一个水准点作为高程起算点。

✎**学习提示**

需按【考点精华】关键字提示，重点记忆此考点。

必拿分考点 24 工程测量竣工图的绘制

考点精华

机电工程测量竣工图的绘制包括：安装测量控制网的绘制、安装过程及结果的测量图的绘制。

学习提示

需按【考点精华】关键字提示，理解记忆此考点。

必拿分考点 25 机电工程中常见的工程测量

考点精华

1. 设备安装基准线和标高基准点测设

1）安装基准线的测设：中心标板应在浇灌基础时，配合土建埋设，也可待基础养护期满后再埋设；放线就是根据施工图，按建筑物的定位轴线来测定机械设备的纵、横中心线并标注在中心标板上，作为设备安装的基准线；设备安装平面基准线不少于纵、横两条。

2）安装标高基准点的测设：标高基准点一般埋设在基础边缘且便于观测的位置；标高基准点一般有两种，一种是简单的标高基准点，一种是预埋标高基准点；简单的标高基准点一般作为独立设备安装的基准点；预埋标高基准点主要用于连续生产线上的设备在安装时使用。

2. 管线工程的测量

1）管线的起点、终点及转折点称为管道的主点，其位置在设计时确定，管线中心定位就是将主点位置测设到地面，并用木桩标定。

2）管线高程控制的测量，应敷设临时水准点，水准点一般选在旧建筑物墙角、台阶和基岩等处，如无适当的地物，应提前埋设临时标桩作为水准点。

3）地下管线工程测量必须在回填前，测量出起、止点，窨井坐标和管顶标高。

3. 长距离输电线路钢塔架基础施工测量

1）长距离输电线路定位并经检查后，可根据起、止点和转折点及沿途障碍物的实际情况，测设钢塔架基础中心桩，中心桩测定后，采用十字线法或平行基线法进行控制，控制桩根据中心桩测定。

2）采用钢尺量距，丈量长度不宜大于 80m，且不宜小于 20m。

3）大跨越档距测量，通常采用电磁波测距法或解析法。

✎ 学习提示

需按【考点精华】关键字提示，重点记忆此考点。

必拿分考点26 **测量仪器的功能与使用**（2014年单选题）

🎓 考点精华

1. 水准仪

1）水准仪是测量两点间高差的仪器。

2）测量标高和高程，主要用于建筑工程测量控制网标高基准点的测设及厂房、大型设备基础沉降观察的测量。

3）用于连续生产线设备测量控制网标高基准点的测设及安装过程中对设备安装标高的控制测量。

2. 经纬仪

1）经纬仪是测量水平角和竖直角的仪器。

2）用来测量纵、横轴线（中心线）以及垂直度的控制测量。

3）光学经纬仪主要用于建立安装测量控制网并在安装全过程进行测量控制。

4）用于机电工程建筑物建立平面控制网的测量以及厂房（车间）柱安装铅垂度的控制测量。

3. 全站仪

1）全站仪是一种采用红外线自动数字显示距离的测量仪器，它与普通测量方法不同的是采用全站仪进行水平距离测量时省去了钢卷尺。

2）采用全站仪进行水平距离测量，主要应用于建筑工程平面控制网水平距离的测量及测设、安装控制网的测设、建安工程中水平距离的测量。

4. 激光准直仪和激光指向仪。

用于沟渠、隧道或管道施工、大型机械安装、建筑物变形观测。

5. 激光垂线仪

将激光束置于铅直方向以进行竖向准直的仪器，用于高层建筑、烟囱、电梯等施工过程中的垂直定位及以后的倾斜观测。

6. 激光经纬仪

用于施工及设备安装中的定线、定位和测设已知角度。

📝**学习提示**

需按【考点精华】关键字提示，理解记忆此考点。

2H312020 机电工程起重技术

必拿分考点 27 | **起重机械的分类**

🎓 **考点精华**

1. 轻小型起重设备：千斤顶、滑车（滑轮组）、起重葫芦、卷扬机、多种叉车。

2. 起重机：桥架型起重机、臂架型起重机、缆索型起重机。

3. 建安工程常用的臂架型起重机：塔式起重机、流动式起重机、桅杆起重机，详见图 2H312020-1。

塔式起重机　　　　　流动式起重机　　　　　桅杆起重机

图 2H312020-1　常用的臂架型起重机

📖 **学习提示**

结合图形理解记忆此考点。

必拿分考点 28 ┃ **载荷**

🎓 **考点精华**

1. 吊装载荷

起重机的吊装载荷是指被吊设备或构件在吊装状态下的重量和吊索具重量的总和。例如，履带起重机的吊装载荷包括：被吊设备和吊索重量、吊钩滑轮组重量、从臂架头部垂下的起升钢丝绳重量。

2. 吊装计算载荷

1）单台起重机起吊的吊装计算载荷的计算

$$Q_j = k_1 \times Q$$

式中　k_1——动载荷系数，是起重机在吊装重物的运动过程中所产生的对起吊机具负载的影响而计入的系数，k_1 取值 1.1；

　　　Q——吊装载荷。

如图 2H312020-2 所示为单台起重机抬吊某重物。

图 2H312020-2 单台起重机起吊

2）多台起重机联合起吊的吊装计算载荷的计算

$$Q_j=k_1 \times k_2 \times Q$$

式中 k_1——动载荷系数，是起重机在吊装重物的运动过程中所产生的对起吊机具负载的影响而计入的系数，k_1 取值 1.1。

k_2——不均衡载荷系数，在多台起重机共同抬吊一个重物时，由于起重机械之间的相互运动可能产生作用于起重机械、重物和吊索上的附加载荷，或者由于工作不同步，吊装载荷不能完全平均地分摊到各台起重机，此时以不均衡载荷系数计入其影响，k_2 取值 1.1~1.25。

Q——吊装载荷。

如图 2H312020-3 所示为多台起重机抬吊某重物。

图 2H312020-3 多台起重机联合起吊

📖学习提示

要求会计算单机抬吊和多机抬吊等不同情况下的吊装计算载荷。

必拿分考点 29 | **钢丝绳**

🏠 **考点精华**

1.起重吊装中常用的钢丝绳规格是,6×19、6×37、6×61。同等直径下,6×19 钢丝绳中的钢丝直径较大,强度较高,但柔性差,常用作缆风绳。6×61 钢丝绳中的钢丝最细,柔性好,但强度较低。

2.在起重吊装中,钢丝绳做缆风绳的安全系数不小于 3.5;做滑轮组跑绳的安全系数不小于 5;做吊索的安全系数不小于 8;用于载人的安全系数不小于 10~12。

钢丝绳结构如图 2H312020-4 所示。

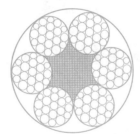

图 2H312020-4　6×19W+FC 钢丝

📖 **学习提示**

6×19:6 代表钢丝绳的股数,19 代表每股中钢丝的数量,绳芯有纤维芯 FC 和钢芯 IWR 两种绳芯。

必拿分考点 30 | **轻小型起重设备**(2014 年单选题)

🏠 **考点精华**

1.滑轮组穿绕跑绳的方法:顺穿、花穿、双抽头穿。
2.起重吊装中一般使用电动慢速卷扬机。

3.卷扬机的主要参数：钢丝绳额定静张力（额定牵引力）和卷筒容绳量，如图 2H312020-5 所示。

4.使用千斤顶时，应随着工件的升降随时调整保险垫块的高度。

图 2H312020-5　卷扬机

📖学习提示

需按【考点精华】关键字提示，重点记忆此考点。

必拿分考点 31　**流动式起重机的参数及使用要求**

🏠考点精华

1.流动式起重机基本参数

流动式起重机的基本参数：额定起重量、幅度（最大工作半径）、最大起升高度等，是选择吊车和制订吊装技术方案的重要依据。

2.流动式起重机的选用步骤

1）根据被吊设备或构件的重量、就位高度、位置和已确定的吊车使用工况，初定吊车站车位置（吊车工作半径）。

2）根据设备尺寸、吊装高度、吊索高度和站车位置，初定吊车臂长。

3）根据吊车工况和已确定的工作半径、臂长，查表确定吊车在此配置下的额定起重量，若额定起重量大于设备的吊装重量，选择合格，否则重选。

4）计算吊臂与设备之间、吊钩与设备及吊臂之间的安全距离，若符合规范要求，选择合格，否则重选。

5）按上述步骤进行优化，最终确定吊车臂长、工作半径等参数。

3. 流动式起重机的地基要求

1）流动式起重机必须在水平坚硬的地面上进行吊装作业，吊车工作位置的地基应根据地质情况或测定的地面耐压力，采用合适的方法进行处理（一般施工场地的土质地面采用开挖回填夯实的方法）。

2）处理后的地面应做耐压力测试。

📋 学习提示

流动式起重机的基本参数不包括吊装载荷；流动式起重机的选用步骤：半径→臂长→额定起重量→安全距离→优化。

必拿分考点 32　地锚的结构形式及使用范围

🏠 考点精华

常用的地锚结构形式：全埋式地锚、半埋式地锚、压重式活动地锚。

1）全埋式地锚适用于有开挖条件的场地，可以承受较大的拉力，多在大型吊装中使用。

2）压重式活动地锚适用于地下水位较高或土质较软等不便深度开挖的场地，不能承受较大的拉力，多在改扩建工程中使用。

3）利用混凝土基础、混凝土构筑物等已有建筑物作为地锚，应进行强度验算、采取可靠的防护措施，并获得建筑物设计单位的书面认可。

📋 学习提示

利用已有建筑物做地锚需要满足的条件有哪 3 个。

必拿分考点 33 | **大型设备整体安装技术**

🎓 考点精华

1. 大型设备整体安装技术是建筑业 10 项新技术之一，其中：滑移法的直立双桅杆滑移法吊装大型设备技术、旋转法的龙门（A 字）桅杆扳立大型设备（构件）技术、无锚点推吊大型设备技术、集群液压千斤顶整体提升（滑移）大型设备与构件技术是其主要单项技术。

2. 从集群液压千斤顶整体提升（滑移）吊装技术提升发展的"钢结构与大型设备计算机控制整体顶升与提升安装施工技术"已成为建筑业推广应用的新技术。

🖍学习提示

需按【考点精华】关键字提示，理解记忆此考点。

必拿分考点 34 | **吊装方案的编制与审批**（2015 年单选题）

🎓 考点精华

1. 危险性较大的分部分项工程

1）采用非常规起重设备、方法，且单件起重量在 10kN 及以上的起重吊装工程；

2）采用起重机械进行安装的工程；

3）起重机械设备自身的安装、拆卸工程。

2. 危险性较大的分部分项工程的审批流程

施工单位技术负责人签字，审核合格后报监理单位，由总监理工程师审核签字。

注：实行总承包的，专项施工方案由总承包单位技术负责人及相关专业承包单位技术负责人签字。

3. 超过一定规模的危险性较大的分部分项工程

1）采用非常规起重设备、方法，且单件起重量在 100kN 及以上的起重吊装工程；

2）起重量 300kN 及以上的起重设备安装工程；

3）高度 200m 及以上的内爬起重设备拆除工程。

4. 超过一定规模的危险性较大的分部分项工程的审批流程

1）施工单位组织专家对专项方案进行论证，专家组提交论证报告，施工单位根据论证报告修改完善专项方案；

2）施工单位技术负责人、项目总监理工程师、建设单位项目负责人签字后组织实施。

注：实行总承包的，由总承包单位组织召开专家论证会，且专项方案由总承包单位及相关专业承包单位技术负责人签字。

📖 学习提示

需按【考点精华】关键字提示，理解记忆此考点，要求会根据背景资料判断施工单位编制的吊装方案的审批流程是否正确。

📝 考点链接

此考点与 2H320030 必拿分考点 16 对比记忆。

2H312030 机电工程焊接技术

必拿分考点 35　**主要焊接工艺参数**（2016 年案例题）

🏠 **考点精华**

主要焊接工艺参数有：焊条直径、焊接电流、电源种类、电源极性、电弧电压、焊接层数。

学习提示

需按【考点精华】关键字提示，理解记忆此考点。

必拿分考点36 **焊接工艺评定**（2015、2016 年单选题）

🎓 **考点精华**

1. 焊接工艺评定的定义

为验证所拟订焊件的焊接工艺的正确性而进行的试验过程及结果评价。

2. 焊接工艺评定的目的

1）评定施焊单位是否有能力焊出符合相关标准、规范要求的焊接接头；

2）验证施焊单位拟订的焊接工艺指导书是否正确；

3）为制定正式的焊接工艺指导书或焊接工艺卡提供可靠的依据。

3. 焊接工艺评定的一般过程

1）拟订焊接工艺指导书；

2）制取试件和试样；

3）检验试件和试样；

4）测定焊接接头是否具有所要求的使用性能；

5）提出焊接工艺评定报告，对拟订的焊接工艺指导书进行评定。

4. 焊接工艺评定要求

1）一般要求

①焊接工艺评定应以可靠的钢材焊接性能为依据，并在工程施焊之前完成。

②焊接工艺评定所用的设备、仪表处于正常状态，钢材、焊材符合相应标准，由本单位技术熟练的焊接人员使用本单位焊接设备进行试件焊接。

③由焊接工程师主持评定焊接工作并对焊接及试验结果进行评定。

④由焊接工程师确认评定结果。

⑤经审查批准后的评定资料可在同一质量管理体系内通用。

2）评定规则

①改变焊接方法必须重新评定；当变更焊接方法中任一个工艺评定的重要因素时，须重新进行评定；当增加或变更焊接方法中任一个工艺评定的补加因素时，按增加或变更的补加因素增焊冲击试件并进行试验。

②任一钢号母材评定合格的，可用于同组别号中其他钢号的母材；同类别号中，高组别号母材评定合格的，可用于该组别号与低组别号的母材。

③改变焊后热处理类别，须重新进行评定。

④首次使用的国外钢材，须重新进行评定。

⑤常用焊接方法中焊接材料、保护气体、线能量等条件改变时，须重新进行评定。

3）评定资料管理

①根据已批准的评定报告，结合施焊工程或焊工培训需要，编制《焊接工艺（作业）指导书》，可以根据多份评定报告编制一份《焊接工艺（作业）指导书》。

②由应用部门焊接专业工程师主持编制《焊接工艺（作业）指导书》。

③应在工程施焊或焊工培训考核之前将《焊接工艺（作业）指导书》发给焊工，并进行技术交底。

✎ 学习提示

需按【考点精华】关键字提示，重点记忆此考点。

必拿分考点37 | 焊接质量的焊前检验

🏠 考点精华

1. 焊前检验内容

从人、机、料、法、环、检六个方面进行检查。

2. 焊接前检验方法

1）焊工资格检查

检查焊工资格证是否在有效期内，考试项目是否与实际焊接相符。

2）焊接设备检查

检查设备型号、电源极性、焊炬、电缆、气管、辅助工具、安全防护。

3）原材料检查

检查母材、焊条、焊丝、焊剂、保护气体、电极、包装是否破损、是否过期。

4）技术文件的检查

5）焊接环境检查

检查环境温度、湿度、风、雨等方面的不利因素并采取可靠的防护措施。出现下列情况之一，如没采取适当的防护措施，应立即停止焊接作业。

①采用电弧焊焊接时，风速≥ 8m/s；

②采用气体保护焊焊接时，风速≥ 2m/s；

③相对湿度＞ 90%；

④雨雪天气；

⑤管子焊接时应垫牢，不得将管子悬空或处于外力作用下焊接，尽可能采用转动焊接，以利于提高焊接质量和焊接速度。

6）焊接过程的检查

由专职或兼职质检员对人、机、料、法、环等各因素进行实时检查。

✎ 学习提示

需按【考点精华】关键字提示，理解记忆此考点。

必拿分考点38 | **焊接质量的焊后检验**（2014 年案例题）

🏠 考点精华

1. 焊后检验的内容

焊后检验主要有：外观检验、致密性试验、强度试验、无损检测。

2. 焊后检验的方法

1）外观检验

①用低倍放大镜或肉眼观察焊缝表面是否有咬边、夹渣、气孔、裂纹等缺陷。

②用焊接检验尺测量焊缝余高、焊瘤、凹陷、错口。

③检验焊件是否变形。

例如：大型立式圆柱形储罐焊接外观检验要求，对接焊缝的咬边深度，不得大于 0.5mm；咬边的连续长度，不得大于 100mm；焊缝两侧咬边的总长度，不得超过该焊缝长度的 10%；咬边深度的检查，必须将焊缝检验尺与焊道一侧母材靠紧。

2）致密性试验

①液体盛装试漏：不承压设备，直接盛装液体，检查焊缝致密性。

②气密性试验：将压缩空气通入容器或管道，焊缝外部涂刷发泡剂检查是否有渗漏。

③氨气试验：焊缝一侧通入氨气，另一侧贴上浸过酚酞－酒精水溶液的试纸，若有渗漏，试纸呈红色。

④煤油试漏：在焊缝一侧涂刷白垩粉水，干燥后在另一侧涂刷煤油，如有渗漏，煤油会在白垩上留下油渍。

⑤氦气试验：焊缝一侧通入氦气，另一侧通过氦气检漏仪来检测焊缝的致密性。

⑥真空箱试验：在焊缝上涂刷发泡剂，用真空箱抽真空，若有渗漏，会有气泡产生，该检测方法适用于焊缝另一侧被封闭的场所，如储罐罐底焊缝。

3）强度试验

①气压强度试验用气体进行，试验压力为设计压力的 1.15~1.20 倍。

②液压强度试验用水进行，试验压力为设计压力的 1.25~1.5 倍。

4）无损检测

①射线探伤（RT）

射线探伤能发现焊缝内部气孔、夹渣、裂纹及未焊透等缺陷。

②超声波探伤（UT）

超声波探伤比射线探伤灵敏度高，灵活方便，周期短、成本低、效率高、对人体无害，但显示缺陷不直观，对缺陷判断不精确，受探伤人员经验和技术熟练程度影响较大。

③超声波衍射时差法（TOFD）

一次扫查几乎能覆盖整个焊缝区域，检测速度快；能够发现各种类型的缺陷，但对缺陷的走向不敏感；近表面存在盲区，对该区域检测可靠性不够。

④渗透探伤（PT）

液体渗透探伤主要用于检查坡口表面、碳弧气刨清根后或焊缝缺陷清除后的刨槽表面、工卡具铲除的表面以及不便磁粉探伤部位的表面开口缺陷。

⑤磁性探伤（MT）

磁性探伤主要用于检查表面及近表面缺陷，与渗透探伤相比，灵敏度高、速度快。

📖学习提示

致密性试验的种类按口诀记忆，"海岸真没企业，海（氨气试验）岸（氨气试验）真（真空箱试验）没（煤油试漏）企（气密性试验）业（液体盛装试漏）"。

2H313000 工业机电工程施工技术

2H313010 机械设备安装工程施工技术

必拿分考点 39 | 机械设备安装的一般程序

🎓 **考点精华**

施工准备→设备开箱检查→<u>基础测量放线→基础检查验收</u>→<u>垫铁设置</u>→<u>设备吊装就位</u>→设备安装调整→设备固定与灌浆→零部件清洗与装配→<u>润滑与设备加油</u>→设备试运转→工程验收。

📝 **学习提示**

需按【考点精华】关键字提示，理解记忆此考点。

必拿分考点 40 | 设备开箱检查

🎓 **考点精华**

机械设备开箱时,<u>施工单位、建设单位、监理单位、供货单位</u>共同参加,按下列项目进行检查和记录:

1)箱号、箱数以及包装情况;

2)设备名称、规格、型号,重要零部件需按质量标准进行检查验收;

3)随机技术文件(使用说明书、合格证明书和装箱清单)及专用工具;

4)有无缺损件,表面有无损坏和锈蚀。

📖**学习提示**

1. 设备开箱检查时哪些单位参加；2. 设备开箱检查的内容。

✎**考点链接**

此考点与 2H320040 必拿分考点 22 对比记忆。

必拿分考点 41 **基础测量放线**（2014 年单选题、2014 年多选题）

🎓**考点精华**

1. 设定基准线和基准点的原则
1）安装检测使用方便；
2）利于保持不被毁损；
3）刻划清晰容易辨识。
2. 基准线和基准点的设置要求
机械设备就位前，按工艺布置图并依据测量控制网或相关建筑物轴线、边缘线、标高线，划定安装基准线和基准点。
3. 永久基准线和基准点的设置要求
1）永久中心标板和永久基准点，最好采用铜材或不锈钢材制作。
2）永久中心标板和基准点通常设置在主轴线和重要的中心线部位。
3）对于重要、重型、特殊设备需设置沉降观测点。

📖**学习提示**

需按【考点精华】关键字提示，理解记忆此考点。

必拿分考点 42　　**基础检查验收**

🏠 **考点精华**

1. 设备基础混凝土强度检查验收

1）基础施工单位应提供设备基础质量合格证明文件，主要检查验收其混凝土配合比、混凝土养护及混凝土强度是否符合设计要求。

2）若对设备基础的强度有怀疑时，可请有检测资质的工程检测单位，采用回弹法或钻芯法对基础的强度进行复测（图 2H313010–1）。

3）重要的设备基础有预压和沉降观测要求时，应预压合格，并有预压和沉降观测详细记录。

　回弹法　　　　　　回弹仪　　　　　　　钻芯法
图 2H313010–1　回弹法和钻芯法

2. 设备基础位置、几何尺寸检查验收

设备安装前按照规范允许偏差对设备基础的位置和尺寸进行复检。

基础的位置、几何尺寸测量检查主要包括基础的坐标位置，不同平面的标高，平面外形尺寸，凸台上平面外形尺寸，凹穴尺寸，平面的水平度，基础的铅垂度，地脚螺栓预留孔的中心位置、深度和孔壁铅垂度。

3. 设备基础外观质量检查验收

1）基础表面无裂纹、空洞、掉角、露筋。

2）基础表面和地脚螺栓预留孔无油污、碎石、泥土、积水。

3）地脚螺栓预留孔内无露筋、凹凸。

4）放置垫铁的基础表面平整，中心标板和基准点埋设牢固、标记清晰、编号准确。

4.预埋地脚螺栓的验收要求

1）预埋地脚螺栓的中心距、标高及露出基础的长度符合设计或规范要求；

2）安装胀锚地脚螺栓的基础混凝土强度不得小于 <u>10MPa</u>，基础混凝土或钢筋混凝土有裂缝的部位不得使用胀锚地脚螺栓。

5.设备基础常见质量通病

1）<u>基础上平面标高超差</u>。

2）<u>预埋地脚螺栓的位置</u>、标高超差。

3）预留地脚螺栓孔深度超差。

📑学习提示

需按【考点精华】关键字提示，重点记忆此考点。

必拿分考点43　垫铁设置（2015 年多选题）

🎓 考点精华

1.<u>垫铁</u>的作用

1）通过调整垫铁的高度调整设备的标高和水平度；

2）通过垫铁组把设备的<u>重量</u>、工作载荷和固定设备的地脚螺栓预紧力均匀地传递给基础。

2.垫铁的设置要求

1）每组垫铁的<u>面积</u>符合规定。

2）<u>垫铁</u>与设备基础间接触良好。

3）每个地脚螺栓旁至少应有一组垫铁，并设置在靠近地脚螺栓和底座主要受力的下方，如图 2H313010–2 所示。

4）相邻两组垫铁间的距离，宜为 <u>500~1000mm</u>。

5）设备底座有接缝处的两侧，各设置一组垫铁。

6）每组垫铁的块数不宜超过 5 块，放置平垫铁时，厚的放在下面，薄的放在中间，垫铁的厚度不宜小于 2mm。

7）垫铁应放置整齐平稳，接触良好。

8）设备调平后，垫铁端面应露出设备底面外缘，平垫铁宜露出 10~30mm，斜垫铁宜露出 10~50mm。垫铁组伸入设备底座底面的长度应超过设备地脚螺栓的中心。

9）除铸铁垫铁外，设备调整完毕后各垫铁相互间用定位焊焊牢。

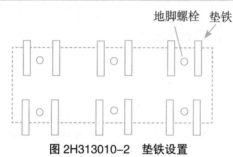

地脚螺栓　垫铁

图 2H313010-2　垫铁设置

📖学习提示

需按【考点精华】关键字提示，重点记忆此考点，从而找出背景资料中施工单位在垫铁施工方面存在的问题并加以改正。

必拿分考点 44　**设备安装调整**

🏠考点精华

1. 设备找平

安装中通常在设备精加工面上选择观测点用水平仪进行测量，通过调整垫铁高度的方法将其调整到设计或规范规定的水平状态。

2. 设备找正

安装中通过移动设备使设备以其指定的基线对准设定的基准线，包含对基准线的平行度、垂直度和同轴度的要求，从而使设备的平面坐标位置沿水平纵横方向符合设计或规范要求。

3. 设备找标高

通过调整垫铁高度的方法使设备以其指定的基线或基面对准设定的基准点，从而使设备的位置沿垂直方向符合设计或规范要求。

🖊📄学习提示

需按【考点精华】关键字提示，理解记忆此考点。

必拿分考点45 | 设备固定与灌浆

🎓 考点精华

设备灌浆分为一次灌浆和二次灌浆。一次灌浆是在设备粗找正后，对地脚螺栓孔进行的灌浆。二次灌浆是在设备精找正、地脚螺栓紧固、检测项目合格后对设备底座和基础间进行的灌浆。

🖊📄学习提示

注意区分一次灌浆和二次灌浆的区别。

必拿分考点46 | 设备试运转

🎓 考点精华

1. 设备试运转按调试、单体试运转、无负荷联动试运转、负荷联动试运转四个步骤进行。

2. 单体试运转的顺序：先手动，后电动；先点动，后连续；先低速，后中、高速。

📖 **学习提示**

1. 设备试运转的步骤；2 单体试运转的要求。

必拿分考点47 | **工程验收**

🎓 **考点精华**

1. 机械设备安装工程的验收程序：<u>单体试运转、无负荷联动试运转、负荷联动试运转</u>。

2. <u>无负荷单体和联动试运转规程</u>由施工单位负责编制，并负责试运转的组织、指挥和操作。

3. <u>负荷单体和联动试运转规程</u>由<u>建设单位</u>负责编制，并负责试运转的组织、指挥和操作。

📖 **学习提示**

注意区分无负荷试运行和负荷试运行分别由谁负责。

必拿分考点48 | **影响设备安装精度的因素**（2015年单选题、2015年案例题）

🎓 **考点精华**

1. 设备基础
设备基础对安装精度的影响主要是强度和沉降。
2. 垫铁埋设
<u>垫铁埋设</u>对安装精度的影响主要是<u>承载面积和接触情况</u>。
3. 设备灌浆
设备灌浆对安装精度的影响主要是强度和密实度。
4. 地脚螺栓
地脚螺栓对安装精度的影响主要是<u>紧固力和垂直度</u>。

5. 测量误差

测量误差对安装精度的影响主要是<u>仪器精度</u>、<u>基准精度</u>。

6. 设备制造与解体设备的装配

设备制造对安装精度的影响主要是<u>加工精度</u>和<u>装配精度</u>。解体设备的装配精度包括各运动部件之间的相对运动精度、配合面之间的配合精度及接触质量。

7. 环境因素

环境因素对安装精度的影响主要是<u>基础温度变形</u>、<u>设备温度变形</u>和<u>恶劣环境场所</u>。

8. 操作误差

操作误差对安装精度的影响主要是<u>操作者的技能水平</u>和<u>责任心</u>。

学习提示

1. 影响设备安装精度的因素有哪些；2. 每一种影响因素体现在哪几个方面；3. 该知识点是案例题和选择题的常考点。

必拿分考点49 **设备安装精度的控制方法**

考点精华

设备安装精度偏差的控制，符合下列要求：

1）有利于抵消设备附属件安装后<u>重量</u>的影响；

2）有利于抵消设备运转时产生的<u>作用力</u>的影响；

3）有利于抵消零部件<u>磨损</u>的影响；

4）有利于抵消摩擦面间<u>油膜</u>的影响。

学习提示

重点记忆关键词。

必拿分考点 50 | **设备安装偏差方向的控制**

🏠 **考点精华**

机械设备安装通常是在同一环境温度下进行，而在设备运行时通常处于不同环境温度。例如，汽轮机、干燥机在运行中通蒸汽，温度比与之连接的发电机、鼓风机、电动机温度高，在对这类机组的联轴器装配定心时，应考虑温差的影响，控制安装偏差的方向，如图 2H313010-3 所示。

1）调整两轴心径向位移时，运行中温度高的一端（汽轮机、干燥机）应低于温度低的一端（发电机、鼓风机、电动机）；

2）调整两轴线倾斜时，上部间隙小于下部间隙；

3）调整两端面间隙时，选择较大值。

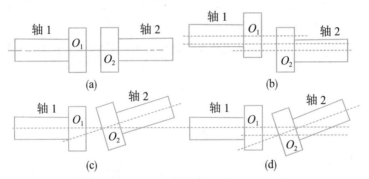

图 2H313010-3 联轴器的各种对中状态

✏️ **学习提示**

结合图形记忆。

2H313020 电气装置安装工程施工技术

必拿分考点 51 | **电气装置安装工程施工程序**（2014 年单选题、2015 年多选题）

🎓 考点精华

1. 电气装置安装工程的一般程序

埋管、埋件→设备安装→电线、电缆敷设→回路接通→检查、试验、调试→通电试运行→交付使用。

2. 油浸电力变压器的施工程序

开箱检查→二次搬运→设备就位→吊芯检查→附件安装→滤油、注油→绝缘测试→交接试验→验收

3. 六氟化硫断路器的安装程序

开箱检查→本体安装→充加六氟化硫→操作机构安装→检查、调整→绝缘测试→试验。

✎ 学习提示

需按【考点精华】关键字提示，理解记忆此考点。

📝 考点链接

此考点与 2H314020 必拿分考点 108 对比记忆。

必拿分考点 52 | **电气设备安装要求**

🎓 考点精华

电气设备安装的一般要求：

1）电气设备安装用的紧固件应采用镀锌制品，如图 2H313020–1 所示；

2）互感器安装就位后，应将各接地引出端子良好接地，暂时不使用

的电流互感器二次线圈应短路后再接地；

3）断路器及其操作机构的联动应无卡阻现象，分、合闸指示正确，开关动作正确可靠；

4）电抗器安装要使线圈绕向符合设计要求，如图 2H313020-1 所示；

5）电容器的放电回路应完整且操作灵活；

6）接线端子的接触表面应平整、清洁、无氧化膜，并涂以电力复合脂；

7）电气设备的保护接地和工作接地要可靠。

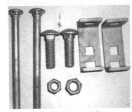
热镀锌紧固件

电抗器

图 2H313020-1　热镀锌紧固件和电抗器

📖 学习提示

需按【考点精华】关键字提示，理解记忆此考点。

必拿分考点 53 | **电气设备交接试验**

🎓 考点精华

1. 交接试验内容

绝缘油试验、直流耐压试验、交流耐压试验、测量绝缘电阻、测量直流电阻、测量泄漏电流、检查线路相位。

2. 交接试验注意事项

1）在高压试验设备和高压引出线周围，均应装设遮拦并悬挂警示牌；

2）进行高压试验时，操作人员与高压回路间应有足够的安全距离，例如，电压等级 6~10kV，不设防护栏时，最小安全距离为 0.7m；

3）高压试验结束后，应对直流试验设备和大电容被测设备多次放电，放电时间不少于 1min；

4）断路器交流耐压试验应在分、合闸状态下分别进行；

5）成套设备耐压试验时，宜将连接在一起的各种设备分开单独进行；

6）直流耐压试验时，试验电压按每级 0.5 倍额定电压分级升高，每级停留 1min，并记录泄漏电流。

✎ 学习提示

需按【考点精华】关键字提示，理解记忆此考点。

必拿分考点54 电气装置通电检查及调整试验

🎓 考点精华

通电检查及调整试验：

1）先进行二次回路通电检查，再进行一次回路通电检查；

2）继电器和仪表经校验合格；

3）断路器及隔离开关已调好，断路器经手动、电动跳合闸试验；

4）电流互感器二次侧无开路现象，电压互感器二次侧无短路现象；

5）具备可靠的操作、信号和合闸等二次各系统用的交直流电源；

6）高、低压断路器操作系统具有可靠的操作电源；

7）一、二次回路经绝缘电阻测试和耐压试验，绝缘电阻值符合规定。

✎ 学习提示

需按【考点精华】关键字提示，理解记忆此考点。

必拿分考点 55　电气装置试运行

🎓 考点精华

1. 五防连锁

常规的五防连锁是指：防止误分、合断路器；防止带负荷分、合隔离开关；防止带电挂地线；防止带电合接地开关；防止误入带电间隔。

2. 电气装置试运行对电气操作人员的要求

电气操作人员必须经专业培训，具备电工特种作业操作资格证书，严格执行国家安全操作规定，熟悉有关消防知识并正确使用消防设备和器具，熟知触电紧急救护方法。

📝 学习提示

需按【考点精华】关键字提示，理解记忆此考点，特别要注意对电气试运行操作人员的要求。

必拿分考点 56　电压等级

🎓 考点精华

电力架空线路按电压等级不同划分为：1000kV、750kV、500kV、330kV、220kV、110kV、35kV、10kV、0.4kV。

📝 学习提示

需按【考点精华】关键字提示，理解记忆此考点。

必拿分考点 57 架空电力线路导线连接要求

🎓 考点精华

架空电力线路导线连接需符合以下要求：

1）导线连接处应接触良好，其接触电阻不应超过同长导线电阻的 1.2 倍；

2）导线连接处应有足够的机械强度，其强度不应低于导线自身强度的 90%；

3）任一档距内的每条导线，只能有一个接头；

4）不同金属、不同截面的导线，只能在杆上跳线处连接；

5）导线钳压连接要选择合适的连接管，其型号与导线相符。

✏️ 学习提示

1. 对电阻的要求；2. 对强度的要求；3. 对接头数量和连接方法的要求。

必拿分考点 58 电缆直埋敷设要求（2016 年多选题）

🎓 考点精华

电缆直埋敷设要求：

1）直埋电缆应使用铠装电缆，金属外皮要可靠接地，接地电阻不大于 10Ω；

2）直埋电缆埋深不小于 0.7m，穿越农田时不小于 1m；

3）电缆敷设后，上面要铺放 100mm 厚的软土或细沙，再盖上混凝土盖板，覆盖宽度超过电缆两侧各 50mm；

4）直埋电缆在直线段每隔 50~100m 处、接头处、转弯处、进入建筑物处应设置明显的方位标志或标桩；

5）电缆相互交叉、与非热力管道交叉、穿越公路、穿越墙壁时要穿管保护，保护管内径不小于电缆外径的 1.5 倍，严禁将电缆平行敷设于管道的上方或下方；

6）电缆中间接头下面垫混凝土基础板；

7）铠装电缆从地下引出地面时，高度在 1.8m 以下的部分采用钢管保护；

8）并联敷设的电缆，其接头位置互相错开。

如图 2H313020-2 所示为直埋电缆示意图。

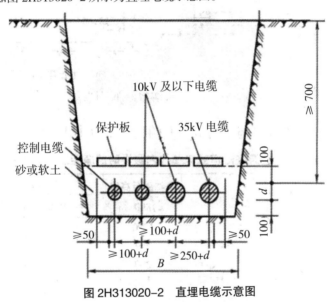

图 2H313020-2　直埋电缆示意图

📝**学习提示**

结合图片理解记忆此考点，重点记忆相关数字。

必拿分考点 59　**电缆排管敷设要求**

🎓**考点精华**

电缆排管敷设要求：

1）电缆排管孔径不小于电缆外径的 1.5 倍，一般敷设电力电缆的排管孔径为 150mm；

2）埋入地下的排管顶部至地面的距离不小于以下数值，人行道为 500mm，一般地区为 700mm；

3）在电缆排管直线距离超过 50m 处、转弯处、分支处要设置电缆井，排管通向电缆井应有不小于 0.1% 的坡度，以便管内的水流入电缆井。

如图 2H313020–3 所示为电缆排管安装示意图。

图 2H313020–3　电缆排管安装示意图

🖊📋学习提示

结合图片理解记忆此考点，重点记忆相关数字。

必拿分考点 60　电缆沟或隧道内电缆敷设要求

🎓 考点精华

电缆沟或隧道内电缆敷设要求：

1）电缆支架应安装牢固、横平竖直；

2）电力电缆和控制电缆不应配置在同一层支架上；

3）高压与低压电力电缆、强电与弱电控制电缆应由上而下布置；

4）交流三芯电缆在支吊架上不宜超过 1 层，桥架上不宜超过 2 层；

5）并列敷设的电缆其间距符合要求；

6）电缆与热力管道、热力设备间距，平行敷设时不应小于 1m，当受条件所限应采取隔热保护措施；

7）电缆敷设完毕及时清除杂物并盖好盖板。

如图 2H313020-4 所示为电缆沟内电缆敷设示意图。

图 2H313020-4　电缆沟内电缆敷设示意图

📖学习提示

结合图片理解记忆此考点。

必拿分考点 61　**电缆桥架敷设要求**

🎓考点精华

电缆桥架敷设要求：

1）金属桥架要进行防腐处理，一般采用镀锌、镀塑和刷漆；

2）电缆桥架和支架应接地可靠，桥架经过建筑物的伸缩缝时应断开，断开位置做接地跨接；

3）金属桥架直线段超过 30m、铝制桥架直线段超过 15m 应留伸缩缝或伸缩片。

📖学习提示

需按【考点精华】关键字提示，重点记忆此考点。

必拿分考点 62　**电缆敷设要求**

🎓考点精华

电缆敷设要求：

1）6kV 以上的电缆应做交流耐压试验和直流泄漏试验，1kV 及以下的电缆应用兆欧表测量绝缘电阻；

2）电缆出入建筑物、隧道、沟道、楼板及墙壁处、电缆引出地面距地面 1.8m 处、与各种管道管沟交叉处、通过道路铁路时均应穿管保护；

3）电缆标志牌应注明线路编号、电缆型号、规格及起止地点，并联使用的电缆应有顺序号；

4）垂直敷设或超过 45° 倾斜敷设的电缆，在每个支架及桥加上每隔 2m 进行固定；

5）水平敷设的电缆，在电缆首末两端及转弯、电缆接头的两端，以及电缆每隔 5~10m 处进行固定。

✎ 学习提示

需按【考点精华】关键字提示，理解记忆此考点，重点记忆相关数字。

必拿分考点 63　母线安装

🎓 考点精华

1. 母线相序排列符合以下要求
1）上下排列时，交流 A、B、C 从上到下排列；
2）水平排列时，交流 A、B、C 从盘后向盘面；
3）引下线的交流 A、B、C 从左至右排列。
2. 母线的相色规定：A（黄色）、B（绿色）、C（红色）。

✎ 学习提示

1. 母线排序要求；2. 母线颜色要求。

2H313030 工业管道工程施工技术

必拿分考点64 | **工业管道分类与分级**（2015年案例题）

🏠 考点精华

1. 按管道材质分类

工业管道按材料性质分为金属管道和非金属管道，工业金属管道划分为 GC1、GC2、GC3 三个等级。

2. 按管道设计压力分级（表 2H313030-1）

按管道设计压力分级　表 2H313030-1

级别名称	设计压力 P（MPa）
真空管道	$P < 0$
低压管道	$0 \leq P \leq 1.6$
中压管道	$1.6 < P \leq 10$
高压管道	$10 < P \leq 100$
超高压管道	$P > 100$

3. 按管道输送温度分类（表 2H313030-2）

按管道输送温度分类　表 2H313030-2

类别名称	介质工作温度 t（℃）
低温管道	$t \leq -40$
常温管道	$-40 < t \leq 120$
中温管道	$120 < t \leq 450$
高温管道	$t > 450$

📖 学习提示

需按【考点精华】关键字提示，理解记忆此考点，根据所给管道设计压力或设计温度准确判断管道级别。

考点链接

此考点与 2H313050 必拿分考点 84 对比记忆。

必拿分考点 65 **管道的组成**

考点精华

管道由管道组成件和管道支承件组成，管道组成件是用于连接或装配管道的元件，管道支承件主要起传递荷载的作用。如图 2H313030-1 所示为管道系统安装示意图。

图 2H313030-1 管道系统安装示意图

学习提示

需按【考点精华】关键字提示，理解记忆此考点。

必拿分考点 66 **工业管道施工程序**

考点精华

施工准备→配合土建预留、预埋、测量→管道、支架预制→附件、法兰加工、检验→管段预制→管道安装→管道系统检验→管道系统试验→防腐绝热→系统清洗→资料汇总、绘制竣工图→竣工验收。

📖 **学习提示**

需按【考点精华】关键字提示，理解记忆此考点，会判断管道的施工顺序是否正确。

✎ **考点链接**

此考点与 2H314010 必拿分考点 101 对比记忆。

必拿分考点 67 | **卷管制作**

🎓 **考点精华**

1. 卷管同一筒节两纵焊缝间距不应小于 200mm。

2. 卷管组对时，相邻筒节两纵焊缝间距应大于 100mm。

3. 有加固环、板的卷管，加固环、板的对接焊缝应与管子纵向焊缝错开，其间距不应小于 100mm，加固环、板距卷管的环焊缝不应小于 50mm。

4. 卷管端面与中心线的垂直允许偏差不得大于管子外径的 1%，且不得大于 3mm，每米直管的平直度偏差不得大于 1mm。

📖 **学习提示**

需按【考点精华】关键字提示，记忆关键数字。

必拿分考点 68 | **弯管制作**

🎓 **考点精华**

GC1 级管道和 C 类流体管道中，输送毒性程度为极度危害介质或设计压力大于或等于 10MPa 的弯管制作后，应进行表面无损检测，合格标准不应低于国家现行标准规定的 I 级；缺陷修磨后的弯管壁厚不得小于管子名义厚度的 90%，且不得小于设计厚度。

🖋️学习提示

需按【考点精华】关键字提示，理解记忆此考点。

必拿分考点 69 管道安装前的检验（2015 年案例题）

🏫 考点精华

1. 管道元件及材料检验

材质为不锈钢、有色金属的管道元件和材料，在运输和储存期间不得与碳素钢、低合金钢接触。

2. 阀门检验

1）阀门安装前应进行外观质量检查，阀体完好，开启机构灵活，阀杆无歪斜、变形、卡涩，标牌齐全。

2）阀门应进行壳体压力试验和密封试验，并以洁净水为介质，不锈钢阀门试验时，水中氯离子含量不超过 25ppm；

3）压力试验为阀门在 20℃时最大允许工作压力的 1.5 倍，密封试验为阀门在 20℃时最大允许工作压力的 1.1 倍，试验持续时间不少于 5min，介质温度为 5~40℃，低于 5℃时采取升温措施。

4）安全阀的校验应进行整定压力调整和密封试验，安全阀校验应做好记录、铅封，并出具校验报告。

🖋️学习提示

需按【考点精华】关键字提示，重点记忆此考点。

✒️ 考点链接

此考点与 2H314010 必拿分考点 102 对比记忆。

必拿分考点 70　工业管道连接

🏠 考点精华

工业管道连接相关要求：

1）工业金属管道连接时，不应采用强力对口。

2）管道与不得承受附加载荷的动设备连接前，应在自由状态下检验法兰的平行度和同心度，偏差应符合规定要求。

3）管道与动设备最终连接时，应在联轴器上架设百分表监视动设备位移。

4）管道试压、吹扫及清洗合格后，应对该管道与动设备的接口进行复位检验。

5）管道安装合格后，不得承受设计以外的附加载荷。

6）大型储罐的管道与泵或其他有独立基础的设备连接，应在储罐液压试验合格后安装，或在储罐液压试验及基础初沉降后再进行储罐接口处法兰的连接。

✏️ 学习提示

需按【考点精华】关键字提示，重点记忆此考点。

必拿分考点 71　伴热管安装

🏠 考点精华

伴热管安装要求：

1）伴热管与主管平行安装，并应能自行排液。

2）不得将伴热管直接点焊在主管上。

3）对不允许与主管直接接触的伴热管，伴热管与主管之间应设置隔离垫。

4）伴热管经过主管法兰、阀门时，应设置可拆卸的连接件。

📖**学习提示**

需按【考点精华】关键字提示，重点记忆此考点。

必拿分考点 72 阀门安装

🎓**考点精华**

阀门安装要求：

1）阀门安装前，应按设计文件核对型号，并按介质流向确定安装方向；检查阀门填料，其压盖螺栓应留有调节余量；

2）阀门与金属管道以法兰或螺纹方式连接时，阀门应在关闭状态下安装；以焊接方式连接时，阀门应在开启状态下安装，对接焊缝底层宜采用氩弧焊；当非金属管道采用电熔或热熔连接时，接头附近的阀门应处于开启状态；

3）安全阀应垂直安装；安全阀的出口管道接向安全地点；在安全阀的进出口管道上设置截止阀时，应加铅封，且应锁定在全开启状态。

📖**学习提示**

需按【考点精华】关键字提示，重点记忆此考点。

必拿分考点 73 支吊架安装（2014 年单选题）

🎓**考点精华**

支吊架安装要求：

1）无热位移的管道，其吊杆应垂直安装；有热位移的管道，吊点应设在位移的相反方向，按位移值的 1/2 偏位安装；两根有热位移的管道不得使用同一吊杆；

2）导向支架或滑动支架的滑动面应洁净平整，不得有歪斜和卡涩现象；其安装位置应从支承面中心向位移相反方向偏移，偏移量为位移值的 1/2 或符合设计文件规定，绝热层不得妨碍其位移。

如图 2H313030-2 所示为支吊架安装示意图。

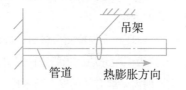

图 2H313030-2　支吊架安装

✎ **学习提示**

需按【考点精华】关键字提示，理解记忆此考点。

| 必拿分考点 74 | **静电接地安装** |

🎓 **考点精华**

静电接地安装要求：

1）有静电接地要求的管道，各管段间应导电，例如，每对法兰或螺纹接头间电阻值超过 0.03Ω 时，应设导线跨接，管道系统静电接地线宜采用焊接形式；

2）有静电接地要求的不锈钢和有色金属管道，导线跨接或接地线应采用同材质连接板过渡，不得与管道直接连接；

3）静电接地安装完毕，应进行测试，电阻值符合规定要求。

✎ **学习提示**

需按【考点精华】关键字提示，理解记忆此考点。

必拿分考点75 **工业管道系统试验**(2014年多选题、2015年案例题、2016年多选题)

🎓 **考点精华**

工业管道系统试验主要有：压力试验、泄漏性试验、真空度试验。

1. 管道系统压力试验的规定

1）管道安装完毕，热处理和无损检测合格后，进行压力试验；

2）压力试验应以液体为试验介质，当管道的设计压力 ≤ 0.6MPa 时，可采用气体为试验介质，但需采取有效的安全技术措施；

3）脆性材料严禁使用气体进行试验，试验温度严禁接近金属材料的脆性转变温度；

4）进行压力试验时，应划定禁区，无关人员不得进入；

5）试验过程中发生泄漏，不得带压处理，消除缺陷后重新进行试验；

6）试验结束后及时拆除盲板、膨胀节等临时约束装置；

7）压力试验完毕，不得在管道上进行修补或增添物件，当在管道上进行修补增添物件时，应重新进行压力试验；

8）压力试验合格后，填写"管道系统压力试验和泄漏性试验记录"。

2. 管道系统压力试验前应具备的条件

1）试验范围内的管道安装工程除防腐、绝热外，已按设计图纸全部完成，安装质量符合要求；

2）焊缝及其他待检部位尚未防腐和绝热；

3）管道上的膨胀节已设置了临时约束装置；

4）试验用的压力表在周检期内并已校验，精度符合要求，压力表不得少于2块，精度不低于1.6级，表的量程为被测压力的1.5~2倍；

5）符合试验要求的液体或气体已经备齐；

6）管道按照试验要求进行了加固；

7）待试管道与无关系统已用盲板或其他隔离措施隔开；

8）待试管道上的安全阀、爆破片及仪表元件等已拆下或加以隔离；

9）试验方案已经批准，并进行了安全技术交底；

10）压力试验前，相关资料已经建设单位和有关部门复查。

3. 管道系统压力试验的替代形式及规定

1）当管道的设计压力大于 0.6MPa 时，设计单位和建设单位认为液压试验不切实际时，可按规定的气压试验代替液压试验；

2）用气压 – 液压试验代替气压试验时，应经设计单位和建设单位同意并符合规定。

4. 管道系统液压试验实施要点

1）液压试验应使用洁净水，对不锈钢、镍及镍合金钢管道，或对连有不锈钢、镍及镍合金钢管道或设备的管道，水中氯离子含量不得超过 25ppm；

2）试验前，注入液体时应排尽空气；

3）试验时环境温度不低于 5℃，当环境温度低于 5℃时应采取防冻措施；

4）承受内压的地上钢管道及有色金属管道试验压力应为设计压力的 1.5 倍，埋地钢管道的试验压力应为设计压力的 1.5 倍，且不低于 0.4MPa；

5）管道与设备作为一个系统进行试验时，当管道的试验压力小于等于设备的试验压力时，应按管道的试验压力进行试验；当管道的试验压力大于设备的试验压力，并无法将管道与设备隔开，以及设备的试验压力大于管道试验压力的 77% 时，经设计或建设单位同意，可按设备的试验压力进行试验；

6）试验应缓慢升压，达到试验压力后，稳压 10min，再将试验压力降至设计压力，稳压 30min，检查压力表有无压降、管道有无渗漏。

5. 管道系统气压试验实施要点

气压试验是根据管道输送介质的要求，选用气体作介质进行的压力试验，可以采用干燥洁净的空气、氮气或其他不易燃和无毒的气体，实施要点如下：

1）承受内压钢管及有色金属管的试验压力应为设计压力的 1.15 倍，

真空管道的试验压力应为 0.2MPa；

2）试验时应有压力泄放装置，其设定压力不得高于试验压力 1.1 倍；

3）试验前应用空气进行预试验，试验压力宜为 0.2MPa；

4）试验时缓慢升压，当压力升至试验压力的 50% 时，如未发现异常或泄漏，继续按试验压力的 10% 逐级升压，每级稳压 3min，直至试验压力，在试验压力下稳压 10min，再将压力降至设计压力，采用发泡剂检验，无泄漏为合格。

6. 管道系统泄漏性试验的实施要点

泄漏性试验是以气体为试验介质，在设计压力下，采用发泡剂、显色剂、气体分子感测仪或其他手段检查管道系统中泄漏点的试验，其实施要点如下：

1）输送极度和高度危害介质以及可燃介质的管道，必须进行泄漏性试验；

2）泄漏性试验应在压力试验合格后进行，试验介质宜采用空气；

3）泄漏性试验压力为设计压力；

4）泄漏性试验可结合试车一并进行；

5）泄漏性试验应逐级缓慢升压至试验压力，稳压 10min，采用涂刷中性发泡剂等方法，巡回检查阀门填料函、法兰、螺纹连接处、放空阀、排气阀、排净阀等所有密封点应无泄漏。

7. 管道系统真空度试验实施要点

1）真空系统在压力试验合格后，还应按设计文件规定进行 24h 的真空度试验；

2）真空度试验应按设计文件要求，对管道系统抽真空，达到设计规定的真空度，关闭系统，24h 后系统增压率不大于 5%。

📖 **学习提示**

需按【考点精华】关键字提示，重点记忆此考点。

考点链接

此考点与 2H314010 必拿分考点 104 对比记忆。

必拿分考点 76 工业管道的吹扫与清洗（2015 年多选题）

考点精华

1. 工业管道吹扫与清洗的一般规定

1）管道系统压力试验合格后，进行吹扫与清洗，并编制吹扫与清洗方案。

2）管道吹扫与清洗应根据对管道的使用要求、工作介质、系统回路、现场条件及管道内表面的脏污程度确定合适的吹洗方法：

①公称直径大于等于 600mm 的液体或气体管道采用人工清理；

②公称直径小于 600mm 的液体管道采用水冲洗；

③公称直径小于 600mm 的气体管道采用空气吹扫；

④蒸汽管道采用蒸汽吹扫；

⑤非热力管道不得用蒸汽吹扫。

3）管道吹洗的顺序应按主管、支管、疏排管依次进行。

4）清洗排放的脏液不得污染环境，严禁随地排放。

5）吹扫时应设置安全警戒区域，吹扫口严禁站人。

2. 水冲洗实施要点

1）水冲洗应使用洁净水，冲洗不锈钢、镍及镍合金钢管道，水中氯离子含量不得超过 25ppm；

2）水冲洗流速不小于 1.5m/s，冲洗压力不大于管道的设计压力；

3）水冲洗排放管的截面积不小于被冲洗管截面积的 60%；

4）应连续进行冲洗，当设计无规定时，排出口水色和透明度与入口一致为合格，水冲洗合格后，及时将管内积水排净并吹干。

3. 空气吹扫实施要点

1）吹扫压力不大于系统容器和管道的设计压力，吹扫流速不小于 20m/s；

2）吹扫忌油管道时，气体中不得含油；

3）当目测排气无烟尘时，应在排气口设置贴有白布或涂刷白色涂料的木制靶板检验，吹扫 5min 后靶板上无铁锈、尘土、水分及其他杂物为合格。

4. 蒸汽吹扫实施要点

1）蒸汽管道吹扫前，管道系统绝热工程应已完成；

2）蒸汽流速不小于 30m/s，吹扫前先暖管、及时疏水，并检查管道热位移；

3）蒸汽吹扫应按加热→冷却→再加热的顺序循环进行，每次吹扫一根，轮流吹扫。

5. 油清洗实施要点

1）油清洗应采用循环的方式进行，每 8h 在 40~70℃内反复升降油温 2~3 次，并及时更换或清洗滤芯；

2）当设计文件或产品技术文件无规定时，油清洗后采用滤网检验；

3）油清洗合格的管道，采取封闭或充氮保护措施。

📖学习提示

需按【考点精华】关键字提示，理解记忆此考点。

✏考点链接

此考点与 2H314010 必拿分考点 105 对比记忆。

2H313040 动力设备安装工程施工技术

必拿分考点 77 | 汽轮机的分类和组成

🎓 考点精华

1. 汽轮机的分类

1）按工作原理划分：冲动式、反动式；

2）按热力特性划分：凝汽式、背压式、抽气式、抽气背压式、多压式；

2. 汽轮机的组成

汽轮机主要由凝结水系统设备、汽轮机本体设备、给水系统设备、蒸汽系统设备、和其他辅助设备组成。

📝 学习提示

汽轮机分类对比记忆，组成按口诀记忆，"节气给政府，节（凝结水系统设备）气（汽轮机本体设备）给（给水系统设备）政（蒸汽系统设备）府（辅助设备）"。

必拿分考点 78 | 汽轮机安装技术要求（2014 年案例题、2015 年单选题）

🎓 考点精华

1. 工业小型汽轮机转子安装技术要点：

1）转子安装分为：转子吊装、转子测量、转子 – 汽缸找中心。

2）转子吊装应使用有制造厂提供并具备出厂试验证书的专用横梁和吊索，否则应进行 200% 的工作负荷试验（试验时间 1h）。

3）转子测量包括：轴颈圆度及圆柱度的测量、转子跳动测量（径向、端面和推力盘不平度）、转子水平度测量。

2.电站汽轮机低压缸组合安装技术要点

1）低压外下缸组合包括：低压外下缸后段（电机侧）与低压外下缸前段（汽侧）先分别就位，调整水平、标高、找中心后试组合，符合要求后，将前、后段分开一段距离，再次清理检查垂直结合面，确认清洁无异物后再进行正式组合。组合时汽缸找中心的基准可以用激光、拉钢丝、假轴、转子等，目前多采用拉钢丝法。

2）低压外上缸组合包括：先试组合，以检查水平、垂直结合面间隙，符合要求后正式组合。

3）低压内缸组合包括：当低压内缸就位找正、隔板调整完毕后，低压转子吊入汽缸并定位，再进行通流间隙调整。

3.电站汽轮机轴系对轮中心的找正

1）轴系对轮中心找正主要是对高中压对轮中心、中低压对轮中心、低压对轮中心和低压转子－电转子对轮中心的找正。

2）在轴系对轮中心找正时，首先要以低压转子为基准。

📖学习提示

需按【考点精华】关键字提示，重点记忆此考点。

必拿分考点79　发电机的分类和组成

🎓考点精华

1.发电机按冷却介质划分：空气冷却、氢气冷却、水冷却、油冷却。

2.发电机组成

1）汽轮发电机与一般发电机类似，由定子和转子两部分组成；

2）定子由机座、定子铁心、定子绕组、端盖等组成；

3）转子由转子锻件、激磁绕组、护环、中心环和风扇等组成。

📝**学习提示**

定子部件均为不可动部件。

必拿分考点80 发电机安装技术要求

🏠 **考点精华**

1. 发电机安装程序

定子就位→定子及转子水压试验→发电机穿转子→氢冷器安装→端盖、轴承、密封瓦调整安装→励磁机安装→对轮复找中心并连接→整体气密性试验。

2. 发电机转子安装技术要点

1）发电机转子穿装前应进行单独的气密性试验，待消除泄漏后，再经漏气量试验，试验压力和允许漏气量符合制造厂规定。

2）发电机转子穿装

①发电机转子穿装工作必须在完成机务（如支架、千斤顶、吊索等服务准备工作）、电气与热工仪表的各项工作后，会同有关人员对定子和转子进行最后清扫检查，确信其内部清洁，无杂物并经签证后方可进行。

②发电机转子穿装，不同的机组有不同的穿装方法，常用的方法有滑道式方法、接轴的方法、用后轴承座作平衡重量的方法、用两台跑车的方法。

如图 2H313040 所示为发电机转子安装示意图。

图 2H313040　发电机转子安装

📝**学习提示**

发电机安装程序按口诀记忆，"秋水传情盖茨夫妻，秋（就）水（水）

传（穿）情（氢）盖（盖）茨（磁）夫（复）妻（气）"；其他知识点需按【考点精华】关键字提示理解记忆。

必拿分考点 81 锅炉的分类和组成

🎓 考点精华

1. 锅炉按出口工质压力划分：低压锅炉、中压锅炉、高压锅炉、亚临界锅炉、超临界锅炉和超超临界锅炉。

2. 锅炉系统的组成

1）锅炉系统主要设备包括：本体设备、燃烧设备、辅助设备。

2）锅炉本体设备：锅和炉。

3）锅炉辅助设备：<u>燃料供应系统设备</u>、送引风设备、汽水系统设备、<u>除渣设备</u>、烟气净化设备、仪表和自动控制系统设备。

📖 学习提示

重点记忆锅炉辅助设备所包含的内容。

必拿分考点 82 锅炉安装技术要求（2014、2016 年单选题）

🎓 考点精华

1. 工业锅炉附件安装

锅炉附件安装主要包括省煤器、鼓风机、风管除尘器、引风机、烟囱、管道、阀门、仪表、水泵等的安装。

整装锅炉的省煤器为整体组件出厂，安装前应进行<u>水压试验</u>，无渗漏方为合格；管道、阀门、仪表的安装要严格按图纸进行；<u>阀门应经强度和严密性试验合格才可安装</u>；压力表应垂直安装，压力表与表管之间应装设<u>三通旋塞阀</u>，以便吹洗管路和更换压力表；温度计的标尺应朝向便于观察的方向；给水泵安放到基础上，对准中心线、找平并按图接好给水管；水处理设备与锅炉同步安装，如没有水处理设备须安装电子除垢仪。

2.电站锅炉汽包吊装方法

有水平起吊、转动起吊、倾斜起吊，大型锅炉汽包吊装多采用倾斜起吊。

3.锅炉本体受热面安装一般程序

设备清点检查→通球试验→联箱找正划线→管子就位对口和焊接。

4.锅炉组件吊装原则

锅炉钢架安装验收合格后，锅炉组件吊装原则是：先上后下，先两侧后中间，先中心再逐渐向炉前、炉后、炉左、炉右进行，同一层杆件的吊装顺序为立柱、垂直支撑（斜撑）、横梁、小梁、水平支撑、平台、爬梯、栏杆等。

5.电站锅炉安装质量控制要点

1）审查钢结构安装施工方案；

2）锅炉受热面安装质量控制；

3）燃烧器安装质量控制；

4）锅炉密封质量控制；

5）锅炉整体水压试验质量控制；

6）回转式空气预热器安装质量控制。

📝学习提示

需按【考点精华】关键字提示，理解记忆此考点。

必拿分考点83　**锅炉热态调试与试运转**

🎓考点精华

1.烘炉

锅炉安装完毕后要进行烘炉，其目的是使锅炉砖墙能够缓慢干燥，在使用时不致损裂，根据现场条件和锅炉的结构形式，可采用火焰烘炉、蒸汽烘炉、蒸汽和火焰混合烘炉。

2.煮炉

煮炉的目的是利用化学药剂清除锅内的铁锈、油脂、污垢和水垢，防止蒸汽品质恶化，并避免受热面因结垢而影响传热和烧坏。煮炉最好在烘炉的后期，与烘炉同时进行，以缩短时间和节约燃料。

3.蒸汽管路的冲洗与吹洗

范围包括：再热器、减温水管系统、过热蒸汽管道、锅炉过热器。

📖学习提示

蒸汽管路的冲洗与吹洗范围按口诀记忆，"再见官人，再（再热器）见（减温水管系统）官（过热蒸汽管道）人（过热器）"。

2H313050 静置设备及金属结构制作安装工程施工技术

必拿分考点84 | 静置设备的分类

🎓考点精华

静置设备按设备的设计压力分类见表2H313050。

静置设备按设备设计压力分类　表2H313050

级别名称	设计压力 P（MPa）
真空设备	$P < 0$
常压设备	$P < 0.1$
低压设备	$0.1 \leq P < 1.6$
中压设备	$1.6 \leq P < 10$
高压设备	$10 \leq P < 100$
超高压设备	$P \geq 100$

📖**学习提示**

需按【考点精华】关键字提示，理解记忆此考点，可与工业管道分类与分级相关知识点对比记忆。

✎**考点链接**

此考点与 2H313030 必拿分考点 64 对比记忆。

必拿分考点 85　**压力容器安装许可规则**

🎓**考点精华**

压力容器安装应获得相应的安装资质，未获得相应安装资质的单位或个人，不得从事相应类别压力容器的安装。

📖**学习提示**

需按【考点精华】关键字提示，理解记忆此考点。

必拿分考点 86　**塔、容器的检验试验要求**（2014年多选题、2016年案例题）

🎓**考点精华**

1.压力容器产品焊接试件要求

1）为检验产品焊接接头的力学性能和弯曲性能，应制作产品焊接试件，进行拉力、弯曲和规定的冲击试验。

2）产品焊接试件由焊接产品的焊工焊接，并于焊接后打上焊工和检验员代号钢印。

3）圆筒形压力容器的产品焊接试件，应在筒节纵向焊缝的延长部分，采用与施焊压力容器相同的条件和焊接工艺同时焊接。

4）现场组焊的每台球形储罐应制作立焊、横焊、平焊加仰焊位置的产品焊接试件各一块。

5）球罐的产品焊接试件应由施焊该球形储罐的焊工在与球形储罐焊接相同的条件和焊接工艺情况下焊接。

6）产品焊接试件经外观检查和射线或超声检测，如不合格允许返修，如不返修，可避开缺陷部位截取试样。

7）需进行热处理以达到恢复材料力学性能或耐腐蚀性能的压力容器，其焊接试件应同炉、同工艺随容器一起进行热处理。

2. 储罐的充水试验

储罐建造完毕应进行充水试验，并检查罐底严密性；罐壁强度及严密性；固定顶的强度、稳定性及严密性；浮顶及内浮顶的升降试验及严密性；浮顶排水管的严密性；进行基础的沉降观测。

📖**学习提示**

需按【考点精华】关键字提示，重点记忆此考点。

必拿分考点87 | **钢结构制作与安装技术要求**（2016 年单选题）

🎓**考点精华**

1. 钢结构制作和安装单位应按规定分别进行高强度螺栓连接摩擦面的抗滑移系数试验和复验。

2. 高强度螺栓连接的相关要求

1）紧固高强度螺栓的扭矩扳手使用前应进行校正，扭矩相对误差不大于 ±5%。

2）高强度螺栓安装应能自由穿入螺栓孔，不得强行穿入；螺栓不能自由穿入时可采用铰刀或锉刀修整螺栓孔，不得采用气割扩孔，扩孔数量应征得设计单位同意。

3）高强度螺栓应按照一定顺序施拧，由螺栓群中央顺序向外拧紧。

4）高强度螺栓连接副施拧分为初拧和终拧，大型节点在初拧和终拧间增加复拧。初拧、复拧扭矩值各为终拧扭矩值的 50%。高强度螺栓的拧紧应在 24h 内完成。

5）扭剪型高强度螺栓连接副应采用专业电动扳手施拧，<u>终拧以拧掉尾部梅花头为准</u>，断裂位置只允许在梅花卡头与螺纹连接的最小截面处。

6）高强度大六角头螺栓连接副施拧可采用<u>扭矩法或转角法</u>。螺栓安装完毕后，应用约 0.3kg 重的手锤采用<u>锤击法</u>对高强度螺栓逐个进行检查，不得有漏拧。

✎学习提示

需按【考点精华】关键字提示，重点记忆此考点。

2H313060 自动化仪表工程施工技术

必拿分考点88 **自动化仪表安装主要施工程序**（2016年单选题）

🎓**考点精华**

1. 自动化仪表安装施工的原则

1）自动化仪表施工的原则：<u>先土建后安装、先地下后地上、先安装设备再配管布线、先两端</u>（控制室、就地盘和现场仪表）<u>后中间</u>（电缆槽、接线盒、保护管、电缆、电线和仪表管道）。

2）仪表设备安装应遵循的原则：<u>先里后外、先高后低、先重后轻</u>。

3）仪表调校应遵循的原则：<u>先取证后校验、先单校后联校、先单回路后复杂回路、先单点后网络</u>。

2. 仪表管道的类型：<u>测量管道、气动信号管道、气源管道、液压管道和伴热管道</u>。

✎学习提示

需按【考点精华】关键字提示，理解记忆此考点。

必拿分考点89 **自动化仪表设备的安装要求**（2014年单选题）

🏫 **考点精华**

1. 直接安装在管道上的仪表，应随同设备或管道系统进行压力试验。

2. 测温元件安装在易受被测物料强烈冲击的位置，应按设计文件规定采取防弯曲措施。

3. 节流件必须在管道吹洗后安装，其安装方向符合要求。

4. 浮筒液位计的安装应使浮筒呈垂直状态。

5. 可燃气体检测器和有毒气体检测器的安装位置应根据被测气体的密度确定。

✎ **学习提示**

需按【考点精华】关键字提示，理解记忆此考点。

必拿分考点90 **自动化仪表取源部件的安装要求**（2015年单选题）

🏫 **考点精华**

1. 取源部件的安装，应在工艺设备制造或工艺管道预制、安装的同时进行。

2. 安装取源部件的开孔与焊接工作，必须在工艺管道或设备的防腐、衬里、吹扫和压力试验前进行，并避开焊缝及其边缘。

3. 在高压、合金钢、有色金属的工艺管道和设备上开孔时，应采用机械加工的方法。

4. 在砌体和混凝土浇筑体上安装的取源部件应在砌筑或浇筑的同时埋入，当无法做到时，应预留安装孔。

5. 温度取源部件的安装位置要选在介质温度变化灵敏和具有代表性的地方，不宜选在阀门等阻力部件的附近和介质流束呈现死角处以及振动较大的地方。

6. 温度取源部件与管道垂直安装时，取源部件轴线与管道轴线垂直相交；在管道拐弯处安装时，逆着物料流向，取源部件轴线与管道轴线重合；与管道呈倾斜角度安装时，逆着物料流向，取源部件轴线与管道轴线相交（图 2H313060-1）。

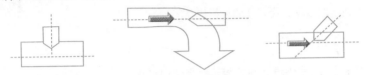

与管道垂直安装　　在管道的拐弯处安装　　与管道呈倾斜角度安装

图 2H313060-1　温度取源部件安装

7. 压力取源部件在水平和倾斜的管道上安装，测量气体压力时，取压点的方位在管道的上半部；测量液体压力时，取压点的方位在管道的下半部与管道的水平中心线成 0~45° 夹角的范围内；测量蒸汽压力时，取压点的方位在管道的上半部，或者下半部与管道水平中心线成 0~45° 夹角的范围内（图 2H313060-2）。

（a）气体　　　　（b）液体　　　　（c）蒸汽

图 2H313060-2　取压点范围

8. 压力取源部件与温度取源部件在同一管段上时，压力取源部件应安装在温度取源部件的上游侧（图 2H313060-3）。

压力　　温度

图 2H313060-3　压力和温度取源部件安装相对位置

9. 流量取源部件上、下游直管段的最小长度，应符合设计文件的规定，在上、下游直管段的最小长度范围内，不得设置其他取源部件或检测元件。

10. 物位取源部件的安装位置，应选在物位变化灵敏，且不使检测元件受到物料冲击的地方。

11. 分析取源部件的安装位置，应选在压力稳定、能灵敏反映真实成分变化和能取得具有代表性的分析样品的地方。

学习提示

需按【考点精华】关键字提示，理解记忆此考点。

2H313070 防腐蚀与绝热工程施工技术

必拿分考点 91 金属表面预处理技术（2015 年单选题）

考点精华

1. 金属表面预处理方法

主要包括：手工和动力工具除锈、喷（抛）射除锈、化学除锈、火焰除锈。

2. 金属表面预处理质量等级

1）手工或动力工具除锈，等级定为二级（St2、St3）；

2）喷射或抛射除锈，等级定为四级（Sa1、Sa2、Sa2.5、Sa3）。

3. 金属表面预处理技术要求

1）金属表面预处理质量，应达到工程要求的除锈质量等级及粗糙度；

2）施工时应首先将金属表面的污物、油和杂质清理干净；

3）动力工具不能到达的地方，用手动工具做补充清理；

4）用工具除锈时不应造成钢材表面损伤或使之变形，不得将钢材表面磨得过光或过于粗糙；

5）处理后的基体表面不宜含有氯离子等附着物；

6）处理合格的工件，在运输和保管期间应保持干燥和洁净；

7）当相对湿度大于 85% 时，应停止金属表面预处理作业，进行除锈作业时，基体表面温度应高于露点温度 3℃；

8）除锈后应清除表面灰尘；

9）表面处理与防腐施工间隔不宜过长，表面返锈或再度污染时，应重新进行表面处理。

📝 学习提示

需按【考点精华】关键字提示，理解记忆此考点。

必拿分考点 92 ┃ **防腐蚀涂层施工技术**

🎓 考点精华

防腐蚀涂层常用的施工方法有刷涂、刮涂、浸涂、淋涂、喷涂（表 2H313070、图 2H313070）。

防腐蚀涂层常用的施工方法　表 2H313070

方法	使用范围及优缺点
刷涂	应用：使用最早、最简单和最传统的手工涂装方法 缺点：劳动强度大、工作效率低、涂布外观欠佳
刮涂	应用：用于黏度较高、100% 固体含量的液态涂料的涂装 缺点：容易开裂、脱落、翻卷，涂膜厚度很难均匀
浸涂	应用：组装好的换热器、管式炉管、热交换器管道、分馏塔管道 缺点：溶剂损失大、容易造成空气污染，不适用于挥发性涂料，涂膜厚度不均匀
淋涂	优点：所用设备简单、易实现机械化生产，操作简便、生产率高 缺点：涂膜不平整或覆盖不完整，涂膜厚度不均匀，会产生安全和污染问题
喷涂	优点：涂膜厚度均匀、外观平整、生产效率高，适用于各种涂料和各种被涂物 缺点：材料消耗大，会造成环境污染

图 2H313070　防腐蚀涂层常用的施工方法

✎ 学习提示

需按【考点精华】关键字提示，理解记忆此考点。

必拿分考点 93　**防腐蚀衬里施工技术**

🎓 考点精华

1. 聚氯乙烯塑料衬里：多用在硝酸、盐酸、硫酸和氯碱生产系统。

2. 铅衬里：适用于<u>常压</u>或压力不高、温度较低和<u>静载荷作用下</u>工作的设备，如输送硫酸的泵、管道和阀门。

3. 玻璃钢衬里的施工方法主要有<u>手糊法、模压法、缠绕法和喷射法</u>。

✎ 学习提示

需按【考点精华】关键字提示，理解记忆此考点。

必拿分考点 94　**绝热层施工技术要求**（2014 年单选题）

🎓 考点精华

1. 设备保温层施工技术要求

1）当采用一种绝热制品，保温层厚度大于等于 100mm，应分两层或多层逐层施工，各层厚度宜接近；

2）同层错缝，上下层压缝，搭接长度不宜小于100mm；

3）硬质或半硬质材料作保温层，拼缝宽度不应大于5mm。

2. 管道保温层施工技术要求

1）水平管道的纵向接缝位置不得布置在管道垂直中心线45°范围内；

2）保温层的捆扎采用包装钢带或镀锌钢丝，每节管壳至少捆扎两道，双层保温应逐层捆扎，并进行找平和严缝处理；

3）有伴热管的管道保温层施工，伴热管应按规定固定；伴热管与主管线之间应保持空隙，不得填塞保温材料，以保证加热空间；

4）采用预制块做保温层时，同层要错缝、异层要压缝，用同等材料的胶泥勾缝；

5）管道上的阀门、法兰等经常维修的部位，保温层必须采用可拆卸式的结构；

6）管托处的管道保温，不应妨碍管道的膨胀位移，且不损坏保温层。

📖学习提示

需按【考点精华】关键字提示，理解记忆此考点。

必拿分考点 95 | 保护层施工技术要求

🎓考点精华

金属保护层施工时，垂直管与水平管在水平管下部相交，应先包垂直管，后包水平管；垂直管与水平管在水平管上部相交，应先包水平管，后包垂直管。

📖学习提示

需按【考点精华】关键字提示，理解记忆此考点。

2H313080 工业炉窑砌筑工程施工技术

必拿分考点 96 耐火材料的分类（2014年单选题）

🎓 **考点精华**

1. 按化学特性分类

1）酸性耐火材料：以二氧化硅为主要成分，如硅砖、石英砂砖，能耐酸性渣的侵蚀。

2）碱性耐火材料：以氧化镁、氧化钙为主要成分，如镁砖、镁铝砖、白云石砖，能耐碱性渣的侵蚀。

3）中性耐火材料：以三氧化二铝、三氧化二铬和碳为主要成分，如刚玉砖、高铝砖、碳砖，能耐酸性渣和碱性渣的侵蚀。

2. 按耐火温度分类

1）耐火温度 1558~1770℃的为普通耐火材料。

2）耐火温度 1770~2000℃的为高级耐火材料。

3）耐火温度高于 2000℃的为特级耐火材料。

✏️ **学习提示**

需按【考点精华】关键字提示，理解记忆此考点。

必拿分考点 97 工序交接证明书

🎓 **考点精华**

工业炉砌筑工程应在炉子基础、炉体骨架结构和有关设备安装经检查合格并签订工序交接证明书后，才可进行施工，工序交接证明书应包括以下内容：

1）炉子中心线和控制标高的测量记录及必要的沉降观测点的测量记录。

2）隐蔽工程验收合格证明。

3）炉体冷却装置、管道和炉壳的试压记录及焊接严密性试验合格证明。

4）钢结构和炉内轨道等安装位置的主要尺寸复测记录。

5）可动炉子或炉子的可动部分的试运转合格证明。

6）炉内托砖板和锚固件等的位置、尺寸及焊接质量检查合格证明。

7）上道工序成果的保护要求。

✎ 学习提示

需按【考点精华】关键字提示，重点记忆此考点。

必拿分考点98 **耐火砖的砌筑施工程序**（2016年单选题）

🎓 考点精华

1.动态炉窑（回转窑）的施工程序

1）动态炉窑（回转窑）砌筑必须在炉窑单机无负荷试运转合格后方可进行。

2）起始点的选择应从热端向冷端或从低端向高端分段依次砌筑。

2.静态炉窑的施工程序

静态炉窑砌筑的施工程序与动态炉窑基本相同，不同之处在于：

1）不必进行无负荷试运转。

2）起始点一般选择自下而上的顺序。

3）炉窑静止不能转动，每次环向缝一次可完成。

4）起拱部位应从两侧向中间砌筑，并采用拱胎压紧固定，待锁砖完成后，拆除拱胎。

✎ 学习提示

需按【考点精华】关键字提示，重点记忆此考点。

必拿分考点 99 | **拱和拱顶施工技术要点**

🎓 **考点精华**

1. 必须从两侧拱脚同时向中心对称砌筑，且严禁将拱砖的大小头倒置。

2. 锁砖应按拱和拱顶的中心线对称均匀分布。跨度小于 3m 的拱和拱顶打入 1 块锁砖，跨度在 3~6m 之间时打入 3 块锁砖，跨度大于 6m 时打入 5 块锁砖。

3. 锁砖砌入拱和拱顶的深度宜为砖长的 2/3~3/4，同一拱和拱顶的锁砖砌入深度应一致。

4. 打入锁砖时，两侧对称的锁砖应同时均匀打入，且宜采用木锤打入，若采用铁锤应垫木块。

5. 不得使用砍掉厚度 1/3 以上或砍凿长侧面使大面成楔形的锁砖。

✎ **学习提示**

需按【考点精华】关键字提示，理解记忆此考点。

必拿分考点 100 | **烘炉**

🎓 **考点精华**

1. 烘炉必须在该项全部砌筑结束，进行交工验收和办理交接手续，且生产流程有关的设备联合试运转合格后进行。

2. 工业炉在投入生产前必须烘干烘透，先烘烟囱和烟道，后烘炉体。

3. 烘炉必须按烘炉曲线进行，烘炉过程中应做详细记录，并应测定和绘制实际烘炉曲线，若发现异常，应及时采取相应措施。

4. 烘炉期间应仔细观察护炉铁件和内衬的膨胀情况以及拱顶的变化情况，必要时，可调节拉杆螺母以控制拱顶的上升数值；在大跨度拱顶的上面，应安装标志，以便检查拱顶的变化情况。

5. 烘炉过程中，若主要设备出现故障而影响其正常升温，<u>应立即保温或停炉</u>，待故障消除后，才可按烘炉曲线继续升温烘炉。

6. 烘炉过程中所出现的缺陷，经处理确认后，才可投入正常生产。

📖 学习提示

需按【考点精华】关键字提示，理解记忆此考点。

 2H314000 建筑机电工程施工技术

2H314010 建筑管道工程施工技术

必拿分考点 101 **建筑管道施工程序**

🎓 考点精华

施工准备→配合土建预留、预埋→管道测绘放线→管道支架制作安装→管道元件检验→管道加工预制→<u>管道安装→系统试验</u>→防腐绝热→系统清洗→试运行→竣工验收。

📖 学习提示

需按【考点精华】关键字提示，理解记忆此考点。

📐 考点链接

此考点与 2H313030 必拿分考点 66 对比记忆。

必拿分考点 102　**管道元件检验**

🎓 **考点精华**

1. 管道元件包括管道组成件和管道支撑件，合金钢管道及元件应进行光谱检测。

2. 设备及管道上的安全阀应由具备资质的单位进行检定。

3. 阀门应按规范要求进行强度和严密性试验，试验应在每批（同牌号、同型号、同规格）数量中抽查 10%，且不少于一个，安装在主干管上起切断作用的闭路阀门，应逐个做强度试验和严密性试验。

✏️ **学习提示**

1. 管道元件组成；2. 安全阀检定；3. 阀门试验要求。

🖋 **考点链接**

此考点与 2H313030 必拿分考点 69 对比记忆。

必拿分考点 103　**建筑管道安装**

🎓 **考点精华**

1. 管道安装一般按照先主管后支管、先上部后下部、先里后外的原则进行安装，对于不同材质的管道应先安装钢质管道，后安装塑料管道。

2. 当管道穿过地下室侧墙时应在室内管道安装结束后再进行安装，安装过程应注意成品保护。

3. 干管安装的连接方式有螺纹连接、承插连接、法兰连接、粘接、焊接、热熔连接。

4. 冷热水管道上下平行安装时热水管道在冷水管道上方，垂直安装时热水管道在冷水管道左侧。

5. 室内生活污水管道应按铸铁管、塑料管等不同材质及管径设置排水坡度，铸铁管的坡度应大于塑料管的坡度。

6. 室外排水管严禁无坡或倒坡。

7. 埋地管道和吊顶内的管道安装结束后应进行隐蔽工程验收，并做好记录。

📖 **学习提示**

需按【考点精华】关键字提示，理解记忆此考点。

必拿分考点 104 ┃ **建筑管道系统试验**

🎓 **考点精华**

建筑管道工程应进行的试验包括：承压管道和设备系统压力试验，非承压管道灌水试验，排水干管通球、通水试验，消火栓系统试射试验。

1. 压力试验

1）压力试验应在管道系统安装结束，经外观检查合格、管道固定牢固、无损检测和热处理合格、确保管道不再进行开孔、不再进行焊接作业的基础上进行。

2）压力试验宜采用液压试验并编制专项方案，当需要进行气压试验时应有设计人员的批准，试验压力应按设计要求进行，当设计未注明试验压力时，应按规范要求进行。

3）高层建筑管道应先分区、分段进行试验，合格后再按系统进行整体试验。

2. 灌水试验

室内隐蔽或埋地的排水管道在隐蔽前必须做灌水试验，灌水高度应不低于底层卫生器具的上边缘或底层地面高度，灌水到满水 15min，水面下降后再灌满观察 5min，液面不降、管道及接口无渗漏为合格。

3. 通球试验

排水管道主立管及水平干管安装结束后应做通球试验，通球球径不小于排水管径的 2/3，通球率达 100% 为合格。

4. 通水试验

排水系统安装完毕，排水管道、雨水管道应分系统进行通水试验，以水流通畅、不渗不漏为合格。

5. 消火栓系统试射试验

1）室内消火栓系统在竣工后应做试射试验，试验一般取有代表性的三处：屋顶取一处，首层取两处。

2）屋顶试验用消火栓试射可测得消火栓的出水流量和压力（充实水柱），首层取两处消火栓试射，可检验两股充实水柱同时喷射到达最远点的能力。如图 2H314010 所示为消火栓试射试验。

图 2H314010　消火栓试射试验

✏ 学习提示

建筑管道工程应进行的试验按口诀记忆，"通宵关押，通（通球试验、通水试验）宵（消火栓试射试验）关（灌水试验）押（压力试验）"。

📖 考点链接

此考点与 2H313030 必拿分考点 75 对比记忆。

必拿分考点 105　防腐绝热及冲洗

🎓 考点精华

1. 防腐绝热

1）管道的防腐方法主要有涂漆、衬里、静电保护和阴极保护。进行手工油漆涂刷时，漆层薄厚均匀一致，多遍涂刷时，必须在上一遍涂膜干燥后才可涂刷第二遍。

2）管道绝热按其用途可分为保温、保冷、加热保护三种类型。

2. 供暖管道冲洗完毕后应通水、加热，进行试运行和调试。

✎ 学习提示

需按【考点精华】关键字提示，理解记忆此考点。

🖊 考点链接

此考点与 2H313030 必拿分考点 76 对比记忆。

必拿分考点 106 高层建筑管道工程的要求

🎓 考点精华

1. 高层建筑给水排水系统必须对给水系统和热水系统进行合理的竖向分区并加设减压设备。

2. 高层建筑给排水系统必须设置安全可靠的室内消防给水系统及室外补水系统，管道保温及管道井、穿墙套管的封堵应使用阻燃材料。

3. 高层建筑给排水系统必须考虑管道的防震、降噪措施，保证管道安装牢固、坡度合理，并采取必要的减震隔离或加设柔性连接等措施。

4. 高层建筑给排水系统应合理安排出墙管道的安装时间，防止因建筑物下沉使管道受剪断裂或出现倒坡现象。

✎ 学习提示

需按【考点精华】关键字提示，理解记忆此考点。

必拿分考点107 **高层建筑管道施工技术要点**（2015年单选题、2015年多选题、2016年多选题）

考点精华

1. 排水管道安装要求

1）排水塑料管必须按设计要求装设伸缩节，伸缩节间距不大于 4m；高层建筑中明设排水管道应按设计要求设置阻火圈或防火套管。

2）金属排水管道上的吊钩或卡箍应固定在承重结构上。

3）明敷管道穿越防火分区时应当采取防止火灾贯穿的措施，横干管穿越防火分区隔墙时，管道穿越墙体的两侧应设置防火圈或长度 ≥ 500mm 的防火套管。

4）通气管不得与风道或烟道连接，通气管应高出屋面 300mm；通气管出口 4m 以内有门、窗时，通气管应高出门、窗顶部 600mm 或引向无门、窗一侧；在经常有人停留的平屋顶上，通气管应高出屋面 2m，并根据防雷要求设置防雷装置。

5）立管与排出管端部的连接，应采用两个 45° 弯头或曲率半径不小于 4 倍管径的 90° 弯头。

2. 热水管道安装要求

1）对金属管道表面进行去污清洗、冲洗、钝化。采用碱液（氢氧化钠、磷酸三钠、水玻璃、适量水）去污方法对金属管道表面进行去污清洗后要作充分冲洗，并做钝化处理，用含有 0.1% 左右重铬酸、重铬酸钠或重铬酸钾溶液清洗表面。

2）热水供应系统安装完毕，管道保温之前应进行水压试验。试验压力应符合设计要求。当设计未注明时，热水供应系统水压试验压力应为系统顶点的工作压力加 0.1MPa，同时在系统顶点的试验压力不小于 0.3MPa。

3. 供暖管道安装要求

1）管道支吊架和托架安装应符合设计要求，位置正确，埋设平整牢固；固定支架与管道接触紧密，固定牢固；固定在建筑结构上的管道支吊架不得影响结构的安全；滑动支架应灵活，滑托与滑槽两侧间应留有 3~5mm 的间隙，纵向移动量符合要求；无热伸长管道的吊架、吊杆应垂直安装；有热伸长管道的吊架、吊杆应向热膨胀的反方向偏移。

2）套管安装：安装在楼板内的套管，其顶部应高出装饰地面 20mm；安装在卫生间及厨房内的套管，其顶部应高出装饰地面 50mm，底部应与楼板底面相平；安装在墙壁内的套管其两端与饰面相平；穿过楼板的套管与管道之间缝隙，应用阻燃密实材料和防水油膏填实，端面光滑。

3）汽、水同向流动的热水供暖管道和汽、水同向流动的蒸汽管道及凝结水管道，坡度应为 3‰，不得小于 2‰；汽、水逆向流动的热水供暖管道和汽、水逆向流动的蒸汽管道，坡度不应小于 5‰；散热器支管的坡度应为 1%，坡度朝向应利于排气和泄水。

✎**学习提示**

需按【考点精华】关键字提示，理解记忆此考点。

2H314020 建筑电气工程施工技术

必拿分考点108 **建筑电气工程的施工程序**（2014、2015 年多选题）

🏠 **考点精华**

1. 成套配电柜（开关柜）的施工程序：开箱检查→二次搬运→安装固定→母线安装→二次小线连接→试验调整→送电运行验收。

2. 三相干式电力变压器的施工程序：开箱检查→二次搬运→变压器安装→附件安装→交接试验→送电前检查→送电运行验收。

3. 照明灯具的施工程序：灯具开箱检查→灯具组装→灯具安装接线→送电前的检查→送电运行。

4. 明配管施工程序：测量定位→支架制作、安装→导管预制→导管连接、固定→接地线跨接→刷漆。

5.防雷接地装置的施工程序：接地体安装→接地干线安装→引下线敷设→均压环安装→避雷带（避雷针、避雷网）安装。

📖**学习提示**

需按【考点精华】关键字提示，理解记忆此考点。

✍**考点链接**

此考点与2H313020必拿分考点51对比记忆。

必拿分考点109 | **母线槽施工技术要求**

🎓**考点精华**

1.母线槽相互之间净距离需考虑安装和维修的方便，插接箱外壳与母线槽外壳连通，接地良好。

2.水平安装时，每节母线槽应不少于2个支架，转弯处增设支架加强，垂直过楼板时选用弹簧支架（图2H314020-1）。

3.每节母线槽的绝缘电阻不小于20MΩ。

4.母线槽安装中必须随时做好防水防渗漏措施，穿过楼板、墙板的母线槽要做防火处理。

 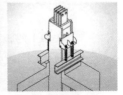

母线槽水平支架　　　　　　母线槽弹簧支架

图2H314020-1　母线槽水平安装

📖**学习提示**

需按【考点精华】关键字提示，重点记忆此考点。

必拿分考点 110 线槽配线施工技术要求

🏠 **考点精华**

1. 线槽直线段连接应采用连接板、螺母紧固，每节直线线槽不少于 2 个支架。

2. 金属线槽应可靠接地或接零，但不应作为设备的接地导体。

3. 线槽内导线敷设的规格和数量应符合设计规定，当设计无规定时，包括绝缘层在内的导线总截面积不应大于线槽内截面积的 60%。

📝 **学习提示**

需按【考点精华】关键字提示，重点记忆此考点。

必拿分考点 111 导线敷设技术要求

🏠 **考点精华**

1. 管内导线应采用绝缘导线，A、B、C 相线绝缘层颜色分别为黄、绿、红，保护接地为黄绿双色，零线为淡蓝色。

2. 导线敷设后，应用 500V 兆欧表测试绝缘电阻，不应小于 0.5MΩ。

3. 不同回路、不同电压等级、交流与直流的导线不得穿在同一管内。但电压为 50V 及以下的回路；同一台设备的电动机回路和无干扰要求的控制回路；照明花灯的所有回路；同类照明的几个回路，可穿入同一根管内，但管内导线总数不应多于 8 根。

4. 同一交流回路的导线应穿同一根钢管内。导线在管内不应有接头，接头应设在接线盒内。

5. 管内导线包括绝缘层在内的总截面积，不应大于管子内空截面积的 40%。

✍学习提示

需按【考点精华】关键字提示，重点记忆此考点。

必拿分考点112 | **电缆敷设技术要求**

🎓**考点精华**

1. 桥架水平敷设时距地高度不低于 2.5m，垂直敷设距地面 1.8m 以下的部分应加金属盖板保护，但敷设在电气专用房间内除外。

2. 电缆桥架多层敷设时，其层间距离一般为：控制电缆不小于 200mm，电力电缆不小于 300mm。

3. 电力电缆在桥架内敷设时，电力电缆的总截面积不大于桥架横断面的 60%，控制电缆不大于 75%。

4. 电缆桥架在穿过墙体及楼板时，应采取防火隔离措施。

✍学习提示

需按【考点精华】关键字提示，理解记忆此考点。

必拿分考点113 | **照明配电箱安装技术要求**（2016 年多选题）

🎓**考点精华**

1. 照明配电箱应安装牢固，配电箱内应标明用电回路名称。

2. 照明配电箱内应分别设置零线和保护接地线汇流排，零线和保护接地线应在汇流排上连接，不得绞接。

3. 照明配电箱内每一单相分支回路电流不宜超过 16A，灯具不宜超过 25 个，大型建筑组合灯具每一单相回路电流不宜超过 25A，光源数量不宜超过 60 个。

4. 插座为单独回路时，数量不宜超过 10 个，灯具和插座混为一个回路时，其中插座数不宜超过 5 个。

📖学习提示

需按【考点精华】关键字提示，重点记忆此考点。

必拿分考点 114 **灯具安装技术要求**（2016 年案例题）

🎓 考点精华

1.灯具安装应牢固，采用预埋吊钩、膨胀螺栓等安装固定，严禁使用木榫。

2.灯具接线应牢固，电气接触应良好。螺口灯头的接线，相线接在中心触点端子上，零线接在螺纹端子上。需要接地或接零的灯具，应有明显标志的专用接地螺栓。

3.灯具距地面高度小于 2.4m 时，当灯具的金属外壳需要接地或接零，应采用单独的接地线（黄绿双色）接到保护接地（接零）线上。

4.吊灯灯具超过 3kg 时，应采取预埋吊钩或螺栓固定。

5.花灯吊钩圆钢直径不小于灯具挂销的直径，且不小于 6mm，大型花灯的固定及悬吊装置，应按灯具重量的 2 倍做过载试验。

📖学习提示

需按【考点精华】关键字提示，重点记忆此考点。

必拿分考点 115 **插座安装技术要求**

🎓 考点精华

1.插座宜采用单独回路配电，一个房间内的插座宜由同一回路配电，潮湿房间应装设防水插座。

2. 插座距地面高度一般为 0.3m，托儿所、幼儿园及小学校的插座距地面高度不宜小于 1.8m，同一场所安装的插座高度应一致。

3. 单相两孔插座，面对插座板，右孔或上孔与相线连接，左孔或下孔与零线连接；单相三孔插座，面对插座板，右孔与相线连接，左孔与零线连接，上孔与接地线或零线连接；三相四孔插座的接地线或接零线都应接在上孔，下面三个孔与三个相线连接，同一场所的三相插座，其接线的相位必须一致（图 2H314020-2）。

4. 当交流、直流或不同电压等级的插座安装在同一场所时，应有明显的区别，且选择不同结构、不同规格和不能互换的插座。

5. 在潮湿场所，应采用密封良好的防水插座，安装高度不低于 1.5m。

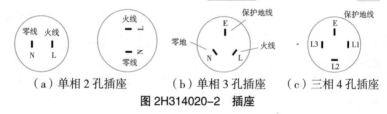

（a）单相 2 孔插座　　　（b）单相 3 孔插座　　　（c）三相 4 孔插座

图 2H314020-2　插座

📖 **学习提示**

需按【考点精华】关键字提示，重点记忆此考点。

必拿分考点 116　**避雷带施工技术要求**（2014、2016 年案例题）

🎓 **考点精华**

1. 避雷带应热镀锌，钢材厚度 ≥ 4mm，镀层厚度 ≥ 65um，避雷带一般使用 40mm×4mm 镀锌扁钢或 ϕ12mm 镀锌圆钢制作。

2. 避雷带在女儿墙和屋顶上明敷时，支持件一般用 40mm×4mm 镀锌扁钢制作。

3. 避雷带之间的连接应采用搭接焊接。

4. 扁钢之间搭接为扁钢宽度的 2 倍，三面施焊；圆钢之间搭接为圆钢直径的 6 倍，双面施焊；圆钢与扁钢搭接为圆钢直径的 6 倍，双面施焊。

5. 建筑屋顶避雷网格的间距应按设计规定，设计无要求时，按如下要求施工：一类防雷建筑不大于 5m×5m 或 6m×4m；二类防雷建筑不大于 10m×10m 或 12m×8m；三类防雷建筑不大于 20m×20m 或 24m×16m。

6. 建筑物屋顶上的金属导体都必须与避雷带连成一体。

📖**学习提示**

需按【考点精华】关键字提示，重点记忆此考点。

必拿分考点 117 **均压环施工技术要求**（2014 年单选题）

🎓 **考点精华**

均压环是高层建筑为防侧击雷而设计的环绕建筑物周边的水平避雷带。建筑物高度超过 30m 时，应在 30m 以上设置均压环，建筑物层高小于等于 3m 的每 2 层设置 1 圈均压环，层高大于 3m 的每层设置 1 圈均压环。

📖**学习提示**

需按【考点精华】关键字提示，重点记忆此考点。

必拿分考点 118 **防雷引下线施工技术要求**

🎓 **考点精华**

1. 建筑物外立面防雷引下线明敷时，一般使用 40×4mm 镀锌扁钢沿外墙引下，并在距地 1.8m 处做断接卡子。

2. 建筑物外立面防雷引下线暗敷时，利用建筑物外立面混凝土柱内的两根主筋作防雷引下线，并在距地 0.5m 处做接地测试点。

3. 引下线的间距应符合要求，一类防雷建筑不大于 12m，二类防雷建筑不大于 18m，三类防雷建筑不大于 25m。

📖 **学习提示**

需按【考点精华】关键字提示，重点记忆此考点。

必拿分考点 119 **接地体施工技术要求**（2016 年案例题）

🎓 **考点精华**

1. 垂直埋设的金属接地体一般采用镀锌角钢、镀锌钢管、镀锌圆钢；镀锌钢管壁厚为 3.5mm，镀锌角钢厚度为 4mm，镀锌圆钢直径为 12mm，垂直接地体的长度一般为 2.5m。

2. 水平埋设的接地体通常采用镀锌扁钢、镀锌圆钢；镀锌扁钢厚度不小于 4mm，截面积不小于 100mm²，镀锌圆钢直径不小于 12mm。

3. 接地体的连接应牢固可靠，应用搭接焊接。接地体采用扁钢时，其搭接长度为扁钢宽度的两倍，并有三个邻边施焊；若采用圆钢，其搭接长度为圆钢直径的 6 倍，并在两面施焊。

4. 接地电阻一般用接地电阻测量仪测量，电气设备的独立接地体接地电阻应小于 4Ω，共用接地体接地电阻应小于 1Ω。

📖 **学习提示**

需按【考点精华】关键字提示，重点记忆此考点。

2H314030 通风与空调工程施工技术

必拿分考点 120 **通风与空调工程的施工程序**

🎓 **考点精华**

施工准备→风管及部件制作→风管及部件的中间验收→风管系统安装

→风管系统严密性试验→空调设备安装→空调水系统安装→管道严密性及强度试验→管道冲洗→管道防腐与绝热→风管系统测试与调整→空调系统试运行及调试→竣工验收→空调系统综合效能测试。

📝**学习提示**

需按【考点精华】关键字提示，理解记忆此考点。

必拿分考点121 通风与空调系统的试运行和调试（2014年单选题）

🏠 **考点精华**

1. 通风与空调系统的试运行和调试，包括单机试运行和调试、系统无生产负荷下的联合试运行和调试。

2. 通风与空调系统无生产负荷下的联合试运行和调试，应在设备单机试运行合格后进行，通风系统的连续试运行不少于2h，空调系统带冷热源的连续试运行不少于8h。联合试运行和调试不在制冷期或供暖期时，可仅做不带冷（热）源的试运行和调试，并在第一个制冷期或供暖期内补作。

3. 系统无生产负荷下的联合试运行和调试包括的内容：

1）监测与控制系统的检验、调整与联动运行。

2）系统风量的测定和调整。系统总风量实测值与设计风量偏差允许值不大于10%；系统经平衡调整，各风口或吸风罩的总风量与设计风量允许偏差不大于15%。

3）空调水系统的测定和调整。空调冷（热）水、冷却水总流量测试结果与设计流量偏差不大于10%，各空调机组盘管水流量经调整后与设计流量偏差不大于20%。

4）室内空气参数的测定和调整。

5）防排烟系统测定和调整。测定风量、风压及疏散楼梯间的静压差，并调整至符合设计与消防的规定。

📝 **学习提示**

需按【考点精华】关键字提示，理解记忆此考点。

必拿分考点 122 **风管系统制作的一般要求**（2016 年案例题）

🎓 **考点精华**

1. 板厚 ≤ 1.2mm 的金属板材采用咬口连接，板厚 > 1.5mm 的风管采用电焊、氩弧焊连接；风管与法兰连接采用铆接或焊接。

2. 风管的加固措施，根据其工作压力、板材厚度、风管长度与断面尺寸，采取相应的加固措施。

3. 矩形内斜线和内弧形弯头应设导流片，以减少风管局部阻力和噪声。

📝 **学习提示**

需按【考点精华】关键字提示，理解记忆此考点。

必拿分考点 123 **风管系统的安装要点**

🎓 **考点精华**

1. 风管安装就位的程序：先上层后下层，先主干管后支管，先立管后水平管。

2. 风管穿过需要封闭的防火防爆楼板或墙体时，应设钢板厚度不小于 1.6mm 的预埋管或防护套管，风管与防护套管之间应采用不燃柔性材料封堵；风管穿越建筑物变形缝空间时，应设置柔性短管，风管穿越建筑物变形缝墙体时，应设置钢制套管，风管与套管之间采用柔性防水材料填充密实。

3. 风阀安装要求。方向应正确、便于操作，启闭灵活；边长（直径）大于或等于 630mm 的防火阀、消声弯头或边长（直径）大于 1250mm 的弯头和三通应设置独立的支吊架。

4.风管系统安装后，必须进行严密性检验，主要检验风管、部件制作加工后的咬口缝、铆接孔、风管的法兰翻边、风管管段之间的连接严密性，检验以主、干管为主，检验合格后方能交付下道工序。

5.通风与空调工程安装完毕，施工单位必须进行系统的测定和调整（简称调试）。交工前，施工单位应配合建设单位进行生产负荷的空调系统综合效能试验的测定与调整，使其达到室内环境的要求。

6.系统调试的主要内容包括：风量测定与调整、单机试运转、系统无生产负荷的联合试运转及调试。空调系统带冷（热）源的正常联合试运转应视竣工季节与设计条件做出决定。

📝 **学习提示**

需按【考点精华】关键字提示，理解记忆此考点。

必拿分考点124 **洁净空调工程施工技术**（2016年多选题）

🎓 **考点精华**

1.洁净空调系统除了满足洁净室所要求的温度、湿度、室内正压和噪声标准外，更重要的是使空气通过中效、高效过滤器过滤后，达到室内空气对洁净度的要求。

2.洁净空调系统制作风管的刚度和严密性，均按高压和中压系统的风管要求进行。洁净度等级为N1至N5级的，按高压系统的风管要求制作，N6至N9级的按中压系统的风管要求制作。

3.洁净空调工程调试包括：单机试运转，试运转合格后进行带冷（热）源的不少于8h的联合试运转；系统的调试应在空态或静态下进行，其检测结果应全部符合设计要求。洁净空调工程综合性能全面评定由建设单位负责，设计与施工单位配合。综合性能全面评定的性能检测由有检测经验的单位承担。

✎ **学习提示**

需按【考点精华】关键字提示，理解记忆此考点。

2H314040 建筑智能化工程施工技术

必拿分考点 125 **建筑智能化工程的组成**（2014 年单选题）

🎓 **考点精华**

1. 安全技术防范系统

1）安全技术防范系统包括：入侵报警系统、视频安防监控系统、出入口控制系统、电子巡查系统和停车场管理系统。

2）入侵报警探测器有门窗磁性开关、玻璃破碎探测器、被动型红外线探测器、主动型红外线探测器、微波探测器、超声波探测器、双鉴（或三鉴）探测器、线圈传感器和泄漏电缆传感器。

2. 建筑设备监控系统

1）常用的温度传感器有风管型和水管型。由传感元件和变送器组成，以热电阻或热电偶作为传感元件，有 $1k\Omega$ 镍电阻、$1k\Omega$ 和 100Ω 铂电阻等类型，通过变送器将其与温度变化成比例的阻值信号转换成 0~10VDC（4~20mA）电信号。例如，使用 4 个 $1k\Omega$ 镍电阻检测一个大空间的平均温度，采用 2 个电阻串联后再并联，串并联后仍然为 $1k\Omega$。

2）压差开关是随着空气或液体的压差引起开关动作的装置，例如，压差开关可用于监视风机运行状态和过滤网阻力状态。

3）监控系统中主要执行元件是控制管道阀门的电磁阀和电动调节阀，控制风管风阀的电动风门驱动器。

3. 建筑智能化集成系统

建筑智能化集成系统以建筑设备自动监控系统为基础，采用接口和协议的方式，把火灾自动报警系统、安全技术防范系统等集成在建筑设备自动监控系统中进行管理。

📖**学习提示**

需按【考点精华】关键字提示，理解记忆此考点。

必拿分考点 126　建筑智能化工程的施工程序

🏠**考点精华**

1. 建筑智能化工程的一般施工程序

施工准备→施工图深化→设备、材料采购→管线敷设→设备、元件安装→系统调试→系统试运行→系统检测→系统验收。

2. 建筑智能化设备选择时考虑的因素

设备产品的品牌和生产地；应用实践、供货渠道和供货周期；设备产品支持的系统规模及监控距离；设备产品的网络性能及标准化程度。

3. 设备材料采购和验收

建筑设备监控系统与变配电设备、发电机组、冷水机组、热泵机组、锅炉和电梯等大型建筑设备实现接口方式的通信，必须预先约定通信协议；如果建筑设备监控系统和大型设备的控制系统具有相同的通信协议和标准接口，就可以直接进行通信；当设备的控制采用非标准通信协议时，则需要设备承包方提供数据格式，由建筑设备监控系统承包方进行转换。

📖**学习提示**

需按【考点精华】关键字提示，理解记忆此考点。

必拿分考点 127　建筑设备自动监控系统安装技术（2015年单选题）

🏠**考点精华**

1. 现场控制器安装技术

现场控制器与各类监控点的连接，模拟信号应采用屏蔽线，且在现场控制器侧一点接地。数字信号可采用普通线材，在强干扰环境中或远距离传输时，宜选用光纤。

2. 探测器、测量元件的安装技术

1）温、湿度传感器安装技术

①传感器至现场控制器之间的连接应尽量减少因接线引起的误差，镍温度传感器的接线电阻应小于 3Ω，铂温度传感器的接线电阻应小于 1Ω；

②风管型温、湿度传感器的安装应在风管保温层完成后进行；

③水管型温度传感器的安装开孔与焊接工作，必须在管道的压力试验、清洗、防腐和保温前进行，且不宜在管道焊缝及其边缘上开孔与焊接。

2）电磁流量计安装技术

①电磁流量计应安装在流量调节阀的上游，流量计的上游应有 10 倍管径长度的直管段，下游应有 4~5 倍管径长度的直管段；

②电磁流量计在垂直管道上安装时，液体流向自下而上。

3. 执行、控制设备安装技术

1）电磁阀安装技术

电磁阀安装前应按规定检查线圈与阀体间的绝缘电阻，宜进行模拟动作试验。

2）电动调节阀安装技术

电动阀门驱动器的行程、压力和最大关紧力须满足设计要求，在安装前宜进行模拟动作试验和压力试验。

3）电动风门驱动器安装技术

①电动风门驱动器用来调节风门，以调节风管的风量和风压，其技术参数有输出力矩、驱动速度、角度调整范围、驱动信号类型；

②风阀控制器安装前应检查线圈和阀体间的绝缘电阻、供电电压、输入信号，宜进行模拟动作检查。

📝学习提示

需按【考点精华】关键字提示，理解记忆此考点。

2H314050 消防工程施工技术

必拿分考点 128 消防工程施工程序

🏛 **考点精华**

1. 消防水泵及稳压泵的施工程序

施工准备→基础施工→<u>泵体安装</u>→吸水管路安装→<u>压水管路安装</u>→单机调试。

2. 消火栓系统施工程序

施工准备→<u>干管安装</u>→<u>支管安装</u>→箱体稳固→<u>附件安装</u>→管道试压、冲洗→系统调试。

3. 自动喷水灭火系统施工程序

施工准备→干管安装→报警阀安装→立管安装→喷洒分层干、支管安装→喷洒头支管安装→管道试压→管道冲洗→减压装置安装→报警阀配件及其他组件安装→喷洒头安装→系统通水调试。

📖 **学习提示**

需按【考点精华】关键字提示，理解记忆此考点。

必拿分考点 129 消防工程验收的相关规定

🏛 **考点精华**

1. 消防验收是一个针对性强的<u>专项</u>工程验收，验收的<u>目</u>的是检查工程竣工后其消防设施配置是否符合已获审核批准的消防设计的要求，验收的<u>申报者和组织者</u>是工程的建设单位，验收的<u>主持者</u>是监理单位，验收的操作指挥者是公安消防部门，验收的结果是判定工程是否可以投入使用或投入生产或需进行必要的整改。

2. 国务院公安部门规定的大型人员密集场所和其他特殊的建设工程，建设单位应当向公安机关消防部门申请消防验收；其他建设工程，建设单位在验收后应当报公安机关消防部门备案，公安消防部门应当进行抽查。

3. 依法应当进行消防验收的建设工程，未经消防验收或者消防验收不合格的，禁止投入使用；其他建设工程经依法抽查不合格的，应当停止使用。

📖**学习提示**

需按【考点精华】关键字提示，理解记忆此考点。

必拿分考点 130 **人员密集场所**（2016年单选题）

🏠**考点精华**

人员密集场所的规定见表 2H314050。

人员密集场所的规定　表 2H314050

建筑面积 S（万 m²）	场　　所	备注
$S > 2$	体育场馆，会堂，公共展览馆，博物馆的展示厅	公共会馆
$S > 1.5$	民用机场航站楼，客运车站候车室，客运码头候船厅	交通站
$S > 1$	宾馆，饭店，商场，市场	花钱地方
$S > 0.25$	影剧院，公共图书馆的阅览室，营业性室内健身休闲场馆，医院的门诊楼，大学的教学楼、图书馆、食堂，劳动密集型企业的生产加工车间，寺庙，教堂	社会福利
$S > 0.1$	托儿所、幼儿园的儿童用房，儿童游乐厅等室内儿童活动场所，养老院，福利院，医院、疗养院的病房楼，中小学教学楼、图书馆、食堂，学校集体宿舍，劳动密集型企业员工集体宿舍	教育、养老
$S > 0.05$	歌舞厅、录像厅、放映厅、卡拉 OK 厅、夜总会、游艺厅、桑拿浴室、网吧、酒吧，具有娱乐功能的餐馆、茶馆、咖啡厅	娱乐场所

📝 学习提示

需按【考点精华】关键字提示，理解记忆此考点，以上场所建设单位应当向公安机关消防机构申请消防设计审核，并在建设工程竣工后向出具消防设计审核意见的公安机关消防机构申请消防验收。

必拿分考点 131　消防工程验收条件

🎓 考点精华

1. 技术资料完整、合法、有效。

2. 完成消防工程合同规定的工作量和变更增减的工作量，具备分部工程竣工验收条件。

3. 单位工程或与消防工程相关的分部工程已具备竣工验收条件或已进行验收。

4. 施工单位已进行技术测试，并取得检测资料。

5. 施工单位应提交竣工图、设备开箱记录、施工记录（包括隐蔽工程验收记录）、设计变更记录、调试报告、竣工报告。

6. 建设单位正式向当地公安消防部门提交申请验收报告并送交有关技术资料。

📝 学习提示

需按【考点精华】关键字提示，理解记忆此考点。

必拿分考点 132　消防工程验收程序

🎓 考点精华

消防工程验收顺序通常为：验收受理、现场检查、现场验收、结论评定、工程移交。

1.现场检查：公安消防部门受理验收申请后，安排时间到工程现场进行检查，由建设单位组织设计、监理和施工等单位共同参加，主要是核查工程实体是否符合经审核批准的消防设计，内容包括房屋建筑的类别或生产装置的性质、各类消防设施的配备、建筑总平面布局及建筑物内部平面布置、安全疏散通道和消防车通道的布置等。

2.现场验收：公安消防部门安排用符合规定的工具、设备和仪表，依据国家工程建设消防技术标准对已安装的消防工程进行现场测试，将测试结果形成记录，并经参加现场验收的建设单位人员签字确认。

✎**学习提示**

需按【考点精华】关键字提示，理解记忆此考点。

必拿分考点133 施工过程中的消防验收

🎓 **考点精华**

消防安全重点工程可以按施工程序划分为三种消防验收形式，即隐蔽工程消防验收、粗装修消防验收、精装修消防验收。

1）隐蔽工程消防验收：消防工程施工中在与土建工程配合时，部分工程实体将被隐蔽，整个工程建成后，很难再被检查验收，这部分消防工程要在被隐蔽前进行消防验收，称为隐蔽工程消防验收。例如，埋设在道路下、地坪下的消防供水管网，敷设在墙体内的消防报警线路导管等。

2）粗装修消防验收：房屋建筑主体工程已完成，消防工程的主要设施已安装调试完毕，仅留下室内精装修时，对安装的探测、报警、显示和喷头等部件的消防验收，称为粗装修消防验收。粗装修消防验收属于消防设施的功能性验收，验收合格后，建筑物尚不具备投入使用的条件。

3）精装修消防验收。房屋建筑全面竣工，消防工程已按设计图纸全部安装完成，验收合格后房屋建筑具备投入使用条件，即精装修消防验收。

📝**学习提示**

需按【考点精华】关键字提示，理解记忆此考点。

2H314060 电梯工程施工技术

必拿分考点 134 **电梯的组成**

🏠 **考点精华**

1. 电梯的主要参数包括：额定载重量、额定速度。

2. 从空间占位看，电梯一般由机房、井道、轿厢、层站四大部分组成。

3. 电梯安装工程属于分部工程，包括电力驱动的曳引式或强制式电梯安装，液压电梯安装和自动扶梯、自动人行道安装等三个子分部工程。

📝**学习提示**

需按【考点精华】关键字提示，理解记忆此考点。

必拿分考点 135 **电梯的施工程序**（2014 年案例题、2015 年单选题）

🏠 **考点精华**

1. 电梯安装前应履行的手续

1）电梯安装施工单位应当在施工前将拟进行安装的电梯情况书面告知工程所在地的直辖市或设区的市的特种设备安全监督管理部门，告知后即可施工。

2）书面告知应提交的材料包括：《特种设备安装改造维修告知单》；施工单位及人员资格证件；施工组织与技术方案；工程合同；安装监督检验约请书；电梯制造单位的资质证件。

3）安装单位应当在履行告知后、开始施工前（不包括设备开箱、现场勘测等准备工作），向规定的监督检验机构申请监督检验，待检验机构审查电梯制造资料完毕，并且获悉检验结论为合格后，方可进行安装。

2.电梯安装的施工程序

1）设备进场验收。

2）对电梯井道土建工程进行检测鉴定，以确定其位置尺寸是否符合电梯所提供的土建布置图和其他要求。

3）对层门的预留孔洞设置防护栏杆，机房通向井道的预留孔设置临时盖板。

4）井道放基准线后安装导轨等。

5）机房设备安装，井道内配管配线。

6）轿厢组装后安装层门等相关附件。

7）通电空载试运行合格后负载试运行，并检测各安全装置动作是否正常准确。

8）整理各项记录，准备申报准用。

3.电梯准用程序

1）电梯安装单位自检试运行结束后，整理记录，并向制造单位提供，由制造单位负责进行校验和调试。

2）检验和调试符合要求后，向经国务院特种设备安全监督管理部门核准的检验检测机构报验要求监督检验。

3）监督检验合格，电梯可以交付使用。获得准用许可后，按规定办理交工验收手续。

✐🗐学习提示

需按【考点精华】关键字提示，理解记忆此考点。

✎ 考点链接

此考点与2H331030必拿分考点17对比记忆。

必拿分考点136 电梯安装单位需提供的安装资料（2014年案例题）

🏠**考点精华**

1. 安装许可证和安装告知书，许可证范围能够覆盖所施工电梯的相应参数。

2. 审批手续齐全的施工方案。

3. 施工现场作业人员持有的特种设备作业证。

4. 施工过程记录和自检报告。

5. 设计变更证明文件，履行了由使用单位提出、经整机制造单位同意的程序。

6. 安装质量证明文件。

📝**学习提示**

需按【考点精华】关键字提示，理解记忆此考点。

必拿分考点137 电力驱动的曳引式或强制式电梯安装工程验收要求（2016年单选题）

🏠**考点精华**

1. 设备进场验收要求

1）随机文件必须包括土建布置图、产品出厂合格证、门锁装置、限速器、安全钳及缓冲器的型式试验证书复印件；随机文件还应包括装箱单，安装、使用、维护说明书，动力电路和安全电路的电气原理图。

2）设备零部件应与装箱单内容相符，设备外观不应存在明显的损坏。

2. 土建交接检验的验收要求

1）机房内应有固定的电气照明，在机房靠近入口的适当高度设有开关或类似装置控制机房照明。机房的电源零线和接地线应分开，机房内接地装置的接地电阻值不应大于 4Ω。

2）电梯安装前，所有厅门预留孔必须设有高度不小于 1200mm 的安全保护围封（安全防护门），并有足够的强度，保护围封下部应有高度不小于 100mm 的踢脚板，并采用左右开启，不能上下开启。

3）当相邻两层门地坎间的距离大于 11m 时，其间必须设置井道安全门，井道安全门严禁向井道内开启，且必须装有安全门处于关闭时电梯才能运行的电气安全装置。

4）井道内应设置永久性电气照明，照明电压采用 36V 安全电压，照度不小于 50lx，最高点和最低点 0.5m 内各装一盏灯，中间灯间距不超过 7m，并分别在机房和底坑设置控制开关。

5）底坑内应有良好的防渗、防漏水保护，底坑内不得有积水。轿厢缓冲器支座下的底坑地面应能承受满载轿厢静载 4 倍的作用力。

3. 电梯整机验收要求

1）动力电路、控制电路、安全电路必须有与负载匹配的短路保护装置；动力电路必须有过载保护装置。

2）限速器铭牌上的额定速度、动作速度必须与被检电梯相符。限速器必须与其型式试验证书相符。

3）安全钳、缓冲器、门锁装置必须与其型式试验证书相符。

4）层门与轿门的试验时，每层层门必须能够用三角钥匙正常开启，当一个层门或轿门非正常打开时，电梯严禁启动或继续运行。

5）电梯运行中的噪声、平层准确度、运行速度等符合产品说明书和标准规范的规定。

📖 学习提示

需按【考点精华】关键字提示，理解记忆此考点。

必拿分考点 138 **自动扶梯、自动人行道安装工程质量验收要求**

（2014年案例题）

考点精华

1. 设备进场验收

1）设备技术资料必须提供梯级或踏板的型式试验报告复印件，或胶带的断裂强度证明文件复印件；对公共交通型自动扶梯、自动人行道应有扶手带的断裂强度证书复印件。

2）随机文件应该有土建布置图，产品出厂合格证，装箱单，安装、使用维护说明书，动力电路和安全电路的电气原理图。

3）设备零部件应与装箱单内容相符，设备外观不应存在明显的损坏。

2. 土建交接检验

1）自动扶梯的梯级或自动人行道的踏板或胶带上空，垂直净高度严禁小于 2.3m。

2）安装之前，井道周围必须设有保证安全的栏杆或屏障，高度严禁小于 1.2m。

3）根据产品供应商的要求应提供设备进场所需的通道和搬运空间。

4）在安装之前，土建施工单位应提供明显的水平基准线标识。

5）电源零线和接地线应始终分开，接地装置的接地电阻值不应大于 4Ω。

3. 在下列情况下，自动扶梯、自动人行道必须自动停止运行，且第4种至第11种情况下的开关断开的动作必须通过安全触点或安全电路完成。

1）无控制电压；

2）电路接地故障；

3）过载；

4）控制装置在超速和运行方向非操纵逆转下动作；

5）附加制动器动作；

6）直接驱动梯级、踏板或胶带的部件断裂或过分伸长；

7）驱动装置与转向装置之间的距离缩短；

8）梯级、踏板或胶带进入梳齿板处有异物夹住，且产生损坏梯级、踏板或胶带支撑结构；

9）无中间出口的连续安装的多台自动扶梯、自动人行道中的一台停止运行；

10）扶手带入口保护装置动作；

11）梯级或踏板下陷。

4. 自动扶梯、自动人行道应进行空载制动试验，制停距离应符合要求。

5. 自动扶梯、自动人行道应进行载有制动载荷的下行制停距离试验，制动载荷、制停距离应符合要求。

✐📖学习提示

需按【考点精华】关键字提示，理解记忆此考点。

2
2H320000
机电工程项目施工管理

必拿分考点 1 | **机电工程项目强制招标的范围**（2014 年案例题）

🎓 **考点精华**

1. 大型基础设施、公用事业等关系社会公共利益、公共安全的项目。

2. 全部或者部分使用国有资金或国家融资的项目。

3. 使用国际组织或者国外政府贷款、援助资金的项目。

✏️ **学习提示**

1. 大型公用项目；2. 国家出钱的项目；3. 外国出钱的项目。

必拿分考点 2 | **机电工程招投标管理要求**（2014 年案例题）

🎓 **考点精华**

1. 招标人对已发出的招标文件进行必要的澄清或修改，应当在招标文件要求提交投标文件截止时间至少 15 日前，以书面形式通知所有招标文件收受人，该澄清或者修改的内容作为招标文件的组成部分。

2. 依法必须进行招标的项目，自招标文件开始发出之日起至投标人提交投标文件截止之日止，不得少于 20 日。

3. 评标委员会一般由招标人代表和技术、经济方面的专家组成，成员人数为 5 人以上单数，其中技术、经济方面的专家不少于成员总数的 2/3。

4. 开、评标过程中，有效标书少于 3 家，此次招标无效，需重新招标。

✎ **学习提示**

需按【考点精华】关键字提示，重点记忆此考点；会根据背景资料判断评标委员会的组成是否符合要求，如不符合要求如何改正。

必拿分考点 3 ｜ 机电工程招标的条件

🎓 **考点精华**

1. 按国家有关规定，项目需要审批的，已履行了审批手续。

2. 工程资金或资金来源已经落实。

3. 有满足施工招标需要的设计文件、设备采购及其他技术资料。

4. 招标人已办理了有关的审批手续、确定了招标方式及划分标段等工作。

5. 对设有标底的，已编制了严格保密的标底，评分标准已明确。

6. 法律、法规、规章规定的其他条件。

✎ **学习提示**

需按【考点精华】关键字提示，理解记忆此考点。

必拿分考点 4 ｜ 资格预审

🎓 **考点精华**

资格预审包括基本资格审查和专业资格审查。基本资格审查是指对申请人的合法地位和信誉的审查，专业资格审查是指对具备基本资格的申请人履行能力的审查。

对潜在投标人资格的审查和评定，重点是专业资格审查，内容包括：

1. 施工经历，包括以往承担类似项目的业绩。

2. 人员状况，包括承担本项目所配备的管理人员和主要人员的名单和简历。

3. 施工方案，包括为履行合同任务而配备的机械、设备等情况。

4. 财务状况，包括申请人的资产负债表、现金流量表。

✎ 学习提示

专业资格审查包括的内容按口诀记忆，"失人失财"。

必拿分考点 5　**废标的确认**（2014 年案例题、2016 年单选题）

🎓 考点精华

应当作为废标处理的情况：

1. 弄虚作假，串通投标及行贿等违法行为。

2. 报价低于其个别成本。在评标过程中，评标委员会发现投标人的报价明显低于其他投标报价或者在设有标底时明显低于标底，使其投标报价可能低于其个别成本的，应当要求该投标人作出书面说明并提供相关证明材料，投标人不能合理说明或者不能提供相关证明材料的，由评标委员会认定该投标人以低于成本报价竞标，其投标应作废标处理。

3. 投标人不具备资格条件或者投标文件不符合形式要求，如签字盖章、标书密封等。

4. 未能在实质上响应招标文件的投标。

5. 投标联合体未能提交共同投标协议等。

✎ 学习提示

需按【考点精华】关键字提示，理解记忆此考点；会判断背景资料中各投标单位所投标书是否废标。

必拿分考点 6　**电子招标投标方法**

🏠 **考点精华**

电子招标投标系统根据功能不同，分为交易平台、公共服务平台和行政监督平台。

✎ **学习提示**

需按【考点精华】关键字提示，理解记忆此考点。

2H320020 机电工程施工合同管理

必拿分考点 7　**分包方的权利和义务**

🏠 **考点精华**

1. 只有业主和总承包方才是工程施工总承包合同的当事人，分包方根据分包合同享有相应的权利和承担相应的责任。

2. 分包合同条款应明确具体，避免含糊不清，也要避免与总承包合同中的发包方发生直接关系。应严格规定分包单位不得再次把工程转包给其他单位。

✎ **学习提示**

1. 施工总承包合同当事人；2. 分包工程是否可以再分包。

必拿分考点 8　**分包方的职责**

🏠 **考点精华**

1. 保证分包工程的质量、安全、工期满足总承包合同的要求。

2. 按施工组织总设计编制分包工程施工方案。

3. 编制分包工程的施工进度计划、预算、结算。

4. 及时向总承包方提供分包工程的计划、统计、技术、质量、安全和验收等有关资料。

📝 学习提示

分包方的职责：1. 质量安全和工期方面的要求；2. 方案要求；3. 进度计划及预结算要求；4. 资料要求。

必拿分考点 9 **总包方的职责**

🎓 考点精华

1. 为分包方创造施工条件，包括临时设施、设计图纸及必要的技术文件、规章制度、物资供应、资金等。

2. 对分包单位的施工质量和安全生产进行监督、指导。

📝 学习提示

总包方的职责：1. 创造条件；2. 监督指导。

必拿分考点 10 **工程分包的履行与管理**（2015 年案例题）

🎓 考点精华

1. 总承包方对分包方及分包工程施工，应从施工准备、进场施工、工序交验、竣工验收、工程保修以及技术、质量、安全、进度、工程款支付等进行全过程管理。

2. 对分包工程施工管理的主要依据：工程总承包合同、分包合同、承包方现行的有关标准、规范、规程、规章制度，总承包方及监理单位的指令，施工中采用的国家、行业标准及有关法律法规。

3. 总承包方应派代表对分包方进行管理，并对分包工程施工进行有效控制和记录，保证分包合同的正常履行，以保证分包工程的质量和进度满足工程要求，从而保证总承包方的利益和信誉。

4. 分包方对开工、关键工序交验、竣工验收等过程经自行检验合格后，均应事先通知总承包方组织预验收，认可后再由总承包方代表通知业主组织检查验收。

5. 总承包方应及时检查、审核分包方提交的分包工程施工组织设计、施工技术方案、质量保证体系和质量保证措施、安全保证体系及措施、施工进度计划、施工进度统计报表、工程款支付申请、隐蔽工程验收报告、竣工交验报告等文件资料，提出审核意见并批复。

6. 由于业主原因造成分包方不能正常履行合同而产生损失，应由总包方与业主共同协商解决，或依据合同的约定解决。

📖学习提示

需按【考点精华】关键字提示，理解记忆此考点。

必拿分考点 11 | 机电工程项目合同变更原因

🎓考点精华

1. 业主发出变更指令、对工程有新的要求，如业主有新的意图，修改项目总计划，削减预算等。

2. 由于设计错误必须对设计图纸作修改，可能是由于业主的要求发生变化，也可能是设计人员、监理工程师或承包商事先没能理解业主的意图。

3. 工程环境变化，预定的工程条件不准确，要求变更方案或计划。

4. 由于新工艺和新技术，有必要改变原设计、方案或计划，或由于业主原因造成承包商施工方案的变更。

5. 政府部门对项目有新的要求，如国家计划变化、环境保护要求、城市规划变动等。

6. 由于合同实施出现问题，必须调整合同目标或修改合同条款。

7. 合同双方当事人由于倒闭或其他原因转让合同，造成合同当事人发生变化。

📝**学习提示**

1. 业主原因；2. 设计原因；3. 环境原因；4. 新技术原因；5. 政府原因；6. 合同原因；7. 当事人原因。

必拿分考点12 **机电工程项目索赔**（2014年案例题、2015年案例题、2016年单选题、2016年案例题）

🎓 **考点精华**

1. 机电工程项目索赔发生的原因

1）合同对方违约，不履行或未能正确履行合同义务与责任。

2）合同条文问题，合同条文不全、错误、矛盾，设计图纸、技术规范错误。

3）合同变更。

4）工程环境变化，包括法律、物价和自然条件的变化。

5）不可抗力因素，如恶劣气候条件、地震、洪水、战争状态等。

2. 机电工程项目索赔的分类

1）按索赔有关当事人分：总包方与业主之间的索赔；总包方与分包方之间的索赔；总包方与供货商之间的索赔；总包方向保险公司的索赔。

2）按索赔目的分：工期索赔和费用索赔。

3）按索赔发生原因分：工程延期索赔、工程加速索赔、工程范围变更索赔、不利现场条件索赔。

3. 机电工程项目索赔成立的前提条件

1）与合同对照，事件已经造成了承包商成本的额外支出或直接工期损失。

2）造成费用增加或工期损失的原因，按合同约定<u>不属于承包商的行为责任或风险责任</u>。

3）承包商按合同规定的程序和时间<u>提交</u>了索赔意向通知和索赔报告。

4. 机电工程项目实施索赔具备的理由

1）<u>发包人违反合同</u>给承包人造成时间、费用的损失。

2）因<u>工程变更</u>造成的时间、费用的损失。

3）由于<u>监理工程师的错误</u>造成的时间、费用的损失。

4）发包人提出提前完成项目或缩短工期而造成承包人的费用增加。

5）非承包人的原因导致项目缺陷的修复所发生的费用。

6）非承包人的原因导致工程停工造成的损失。

7）与国家的政策法规有冲突而造成的费用损失。

📝 学习提示

需按【考点精华】关键字提示，理解记忆此考点；判断背景资料中所给施工单位是否可以向建设单位进行工期和费用的索赔，并计算索赔金额及工期可以顺延的天数。

2H320030 机电工程施工组织设计

必拿分考点 13 | 施工组织设计的类型

🎓 考点精华

1. 施工组织总设计

以群体工程或特大项目为对象编制，用以对整个工程统筹规划、重点控制，是指导整个工程全过程施工的技术经济纲要。

2. 施工组织设计

以单位工程为对象编制，用以对该单位工程做全面安排，是指导该单位工程施工管理的综合性文件。

3. 施工方案

以施工难度大、施工工艺复杂、质量要求高、新工艺和新产品应用等分部分项工程或专项工程为对象编制,用以指导具体施工作业过程,也称分部(分项)工程或专项工程施工组织设计。

✒️**学习提示**

需按【考点精华】关键字提示,理解记忆此考点。

必拿分考点 14 | 施工方案编制要求(2016 年单选题)

🎓 **考点精华**

1. 针对制约施工进度的关键工序和质量控制的重点分项工程,应编制主要施工方案,如大型设备起重吊装方案、调试方案、重要焊接方案、设备试运行方案。

2. 施工前应编制专项施工方案的有:结构复杂、容易出现质量安全问题、施工难度大、技术含量高、冬期雨期、高空及立体交叉作业等。

✒️**学习提示**

1. 哪些工程需要编制主要施工方案;2. 哪些工程需要编制专项施工方案。

必拿分考点 15 | 机电工程施工方案优化

🎓 **考点精华**

1. 施工方案的技术经济分析

1)分析的原则:要有两个以上的方案,每个方案都可行,方案具有可比性,方案具有客观性。

2）施工方案经济评价常用的方法是：综合评价法。

3）需要经济分析的主要施工方案：特大、重、高或精密、价值高的设备的运输、吊装方案；大型特厚、大焊接量及重要部位或有特殊要求的焊接方案；工程量大、多交叉的工程的施工方案；特殊作业方案：现场预制和工厂预制方案；综合系统试验及无损检测方案；传统作业技术和采用新技术、新工艺的方案；关键过程技术方案。

2. 施工方案的技术经济比较

技术先进性比较、经济合理性比较、重要性比较。

📖学习提示

哪些工程的施工方案需要进行经济分析。

必拿分考点 16 │ **施工组织设计的审核批准**

🎓考点精华

1. 各类施工组织设计在实施前应严格执行编制、审核、审批程序，没有批准的施工组织设计不得实施。

2. 施工组织总设计、专项施工组织设计的编制，应坚持"谁负责项目的实施，谁组织编制"的原则，对于规模大、工艺复杂、群体工程或分期出图的工程，可分阶段编制和报批。

3. 施工组织设计的编制、审核、审批工作实行分级管理制度，施工组织总设计由总承包单位技术负责人审批；单位工程施工组织设计由施工单位技术负责人或技术负责人授权的技术人员审批；施工方案由项目技术负责人审批。施工单位完成内部编制、审核、审批程序后，报总承包单位审核、审批，然后由总承包单位项目经理或其授权人签章后向监理报批。

注：项目施工过程中，可能会对施工组织设计进行修改或补充，经修改或补充的施工组织设计应按原审批手续重新审批后实施。

📖 学习提示

需按【考点精华】关键字提示，理解记忆此考点；判断背景资料中施工组织设计的审批程序是否符合要求。

✎ 考点链接

此考点与 2H312020 必拿分考点 34 对比记忆。

必拿分考点 17 **施工组织设计交底**

🎓 考点精华

1. 工程开工前，施工组织设计的编制人员向施工人员做施工组织设计的交底。

2. 施工组织设计交底的内容包括：工程特点及难点，主要施工工艺及施工方法、组织机构设置及分工，进度计划，质量安全技术措施。

📖 学习提示

1. 谁向谁进行交底；2. 交底的内容是什么。

✎ 考点链接

此考点与 2H320050 必拿分考点 24 对比记忆。

必拿分考点 18 **施工方案交底**（2015 年案例题）

🎓 考点精华

1. 工程施工前，施工方案的编制人员向施工作业人员做施工方案的交底。

2. 除分部分项工程、专项工程的施工方案需进行交底外，采用新产品、新材料、新技术、新工艺的项目以及特殊环境作业、特种作业等也必须进行交底。

3. 交底内容：施工程序、施工顺序、施工工艺、施工方法、操作要领、质量控制、安全措施。

📖 学习提示

1. 谁向谁进行交底；2. 交底的内容是什么。

✍ 考点链接

此考点与 2H320050 必拿分考点 24 对比记忆。

2H320040 机电工程施工资源管理

必拿分考点 19　人力资源动态管理应遵循的基本原则

🎓 考点精华

1. 以进度计划和合同为依据。
2. 以动态平衡和日常调度为手段。
3. 以达到人力资源优化组合，充分调动积极性为目的。
4. 动态管理允许人力资源在企业内作充分合理流动。

📖 学习提示

需按【考点精华】关键字提示，理解记忆此考点。

必拿分考点 20　特种作业人员要求

🎓 考点精华

机电安装企业中的特种作业人员有：焊工、电工、起重工、场内运输工（叉车工）、架子工等。

1. 资格要求：具备相应工种的安全技术知识；参加国家规定的安全技术理论和实际操作考核并成绩合格，取得特种作业操作资格证书。

2. 培训要求：在独立上岗作业前，必须进行与本工种相适应的、专门的安全技术理论学习和实际操作训练。

3. 管理要求：特种作业人员必须持证上岗，特种作业操作证每 3 年进行 1 次复审，对离开特种作业岗位 6 个月以上的特种作业人员，上岗前必须重新进行考核，合格后方可上岗作业。

✎ 学习提示

判断背景资料中特种作业人员所从事的施工项目是否符合要求。

必拿分考点 21 **无损检测人员的要求**（2016 年案例题）

🎓 考点精华

1. 级别分类和要求

无损检测人员的级别分为Ⅰ级（初级）、Ⅱ级（中级）、Ⅲ级（高级）。

1）Ⅰ级人员可进行无损检测操作，记录检测数据，整理检测资料。

2）Ⅱ级人员可编制一般的无损检测程序，并按检测工艺独立进行检测操作，评定检测结果，签发检测报告。

3）Ⅲ级人员可根据标准编制无损检测工艺，审核或签发检测报告，解释检测结果，仲裁Ⅱ级人员对检测结论的技术争议。

2. 资格要求

从事无损检测的人员，必须经资格考核合格，取得相应的资格证书。

✎ 学习提示

判断背景资料中无损检测人员所从事的工作是否符合要求。

必拿分考点 22 材料管理要求（2014年案例题）

🎓 **考点精华**

1. 材料进场验收要求

材料进场时必须根据进料计划、送料凭证、质量保证书或产品合格证，进行材料的数量和质量验收；验收工作按质量验收规范和计量检测规定进行；验收内容包括品种、规格、型号、质量、数量、证件等；验收要作好记录、办理验收手续；要求复检的材料应有取样送检证明报告；不符合计划要求或质量不合格的材料应拒绝接收。

2. 材料领发要求

凡有定额的工程用料，凭限额领料单领发材料；施工设施用料也实行定额发料制度，以设施用料计划进行总控制；超限额用料，在用料前办理手续，填写限额领料单，注明超耗原因，经签发批准后实施；建立领发料台账，记录领发和节超情况。

📝 **学习提示**

需按【考点精华】关键字提示，理解记忆此考点。

✒️ **考点链接**

此考点与 2H313010 必拿分考点 40 对比记忆。

必拿分考点 23 施工机具管理要求

🎓 **考点精华**

1. 进入现场的施工机械应进行安装验收，保证性能、状态完好，资料齐全、准确，需在现场组装的大型机具，使用前组织验收，合格后使用，特种设备应履行报检程序。

2. 施工机具的使用实行定机、定人、定岗位的"三定"制度,执行重要施工机械设备专机专人负责制、机长负责制和操作人员持证上岗制。

3. 严格执行施工机械设备操作规程与保养规程,严禁违章指挥、违章作业,防止机械设备带病运转和超负荷运转,及时上报施工机械设备事故,参与事故分析处理。

📖 学习提示

需按【考点精华】关键字提示,理解记忆此考点。

2H320050 机电工程施工技术管理

必拿分考点 24 | 施工技术交底的类型和内容

🏠 考点精华

1. 设计交底:由设计人员向施工单位有关人员进行设计交底,使其了解本工程的设计意图、设计要求和业主对工程建设的要求,一般在图纸会审时进行。

2. 施工组织设计交底:工程开工前,施工组织设计的编制人员向施工人员做施工组织设计的交底。交底内容包括工程特点及难点,主要施工工艺及施工方法、组织机构设置及分工,进度计划,质量安全技术措施。

3. 施工方案交底:工程施工前,施工方案的编制人员应向施工作业人员做施工方案的交底;除分部分项工程、专项工程的施工方案需进行交底外,采用新产品、新材料、新技术、新工艺的项目以及特殊环境作业、特种作业等也必须进行交底;交底内容包括施工程序、施工顺序、施工工艺、施工方法、操作要领、质量控制、安全措施。

4. 设计变更交底:施工发生较大变化时应及时向作业人员交底,当工程洽商对施工的影响程度较大时,也应进行技术交底。

5. 安全技术交底：工程施工前，对施工过程中可能存在的较大安全风险的项目进行安全技术交底，主要包括内容为大件物品的起重运输、高空作业、地下作业、大型设备试运行以及其他高风险作业。

✎ 学习提示

需按【考点精华】关键字提示，理解记忆此考点。

📖 考点链接

此考点与 2H320000 必拿分考点 17、18、45 对比记忆。

必拿分考点 25 **施工技术交底要求**（2016 年案例题）

🎓 考点精华

应及时完成技术交底记录，参加技术交底人员（交底人和被交底人）必须签字，技术交底记录应妥善保存，竣工后作为竣工资料进行归档。

✎ 学习提示

需按【考点精华】关键字提示，理解记忆此考点。

必拿分考点 26 **设计变更程序**（2016 年案例题）

🎓 考点精华

承包商提出设计变更申请的程序：

1. 承包商提出变更申请报监理工程师或总监理工程师。

2. 监理工程师或总监理工程师审核技术是否可行、审计工程师核算造价影响，报建设单位工程师。

3.建设单位工程师报建设单位项目经理或总经理同意后，通知设计单位工程师，设计单位工程师认可变更方案，进行设计变更，出变更图纸或变更说明。

4.建设单位将变更图纸或变更说明发至监理工程师，监理工程师发至承包商。

📖学习提示

需按【考点精华】关键字提示，理解记忆此考点；判断背景资料中施工单位提出的设计变更履行的程序是否符合要求。

必拿分考点27 **机电工程竣工档案管理要求**（2016年案例题）

🏠 **考点精华**

1.竣工档案的组卷要求

1）竣工档案的组卷应符合《科学技术档案案卷构成的一般要求》。

2）一个建设工程由多个单位工程组成时，工程文件应按单位工程组卷。

3）工程档案应按不同的收集、整理单位及资料类别分别进行组卷。

2.竣工档案的移交应编制《工程档案资料移交清单》

1）竣工档案不少于两套，一套交建设单位，一套（原件）交当地档案馆。

2）施工单位向建设单位移交工程档案资料时，应编制《工程档案资料移交清单》，双方按清单查阅清点。

3）移交清单一式两份，双方在移交清单上签字盖章，各保存一份存档备查。

📖学习提示

需按【考点精华】关键字提示，理解记忆此考点。

2H320060 机电工程施工进度管理

必拿分考点28 横道图计划

考点精华

1.横道图施工进度计划一般包括两个部分，左侧的工作名称及持续时间等基本数据部分和右侧的横道线部分（图2H320060-1）。

2.编制方法简单，直观清晰，便于实际进度与计划进度比较，便于计算劳动力、物资和资金的需要量。

3.不能反映工作所具有的机动时间，不能明确地反映影响工期的关键工作和关键线路，不利于施工进度的动态控制。

4.工程项目规模大、工艺关系复杂时，利用横道图很难充分暴露矛盾，控制施工进度有较大的局限性。

工序 ＼ 日（10）	4月			5月			6月			7月		
	1	11	21	1	11	21	1	11	21	1	11	21
施工准备												
变电所施工												
配电干线施工												
变配电验收送电												
室内配线施工												
照明灯具安装												
开关插座安装												
电气系统送电调试												
竣工验收												

图 2H320060-1 横道图施工进度计划

学习提示

需按【考点精华】关键字提示，理解记忆此考点；会判断横道图施工进度计划的优缺点。

必拿分考点 29　网络图计划

🎓 **考点精华**

1. 能够明确表达各项工作之间的逻辑关系，可以找出关键线路和关键工作，明确各项工作的机动时间，并可以利用计算机进行计算、优化和调整（图 2H320060-2）。

2. 可以反映工期最长的关键线路。

3. 可以反映非关键线路中的时间储备，指导调度人力、物力，使计划执行平稳均衡，有利于降低施工成本。

4. 可以利用计算机软件编制和管理，便于判断计划执行的偏差和需要调整的重点部位。

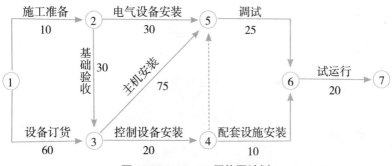

图 2H320060-2　网络图计划

📝 **学习提示**

需按【考点精华】关键字提示，理解记忆此考点；会判断网络图施工进度计划的优缺点。

必拿分考点 30 影响机电工程施工进度计划的因素

🎓 **考点精华**

1. 工程建设有关单位的工作进度，如政府部门、建设单位、监理单位、设计单位、物资供应单位、资金贷款单位，以及运输、通信、供水、供电等部门。

2. 设计变更或业主提出了新的要求。

3. 施工过程中需要的材料、构配件、施工机具和工程设备不能按期运抵施工现场，或是运抵施工现场后发现质量不合格。

4. 施工过程中遇到气候、水文、地质及周围环境等不利因素的影响。

5. 施工单位自身管理、技术水平以及项目部在现场的组织、协调、控制能力的影响。

📝 **学习提示**

有关单位、设计变更、业主要求、材料设备、工程环境、自身水平。

必拿分考点 31 施工进度计划的调整方法

🎓 **考点精华**

1. 改变某些工作之间的衔接关系

通过改变关键线路和超过计划工期的非关键线路的工作的衔接关系，缩短工期。

2. 缩短某些工作的持续时间

不改变工作之间的衔接关系，缩短某些工作的持续时间，缩短工期。

3. 施工进度计划调整的内容

施工内容、工程量、起止时间、持续时间、工作关系、资源供应。

4.施工进度计划调整的原则

调整的对象必须是关键工作，该工作有压缩的潜力，与其他可压缩对象相比赶工费用最低。

📖学习提示

需按【考点精华】关键字提示，理解记忆此考点。

2H320070 机电工程施工质量管理

必拿分考点32 | 施工过程的质量控制

🎓考点精华

1.施工各阶段质量控制一般分三个阶段：事前控制、事中控制、事后控制。

2.事中控制的控制对象：

1）施工过程质量控制：包括工序控制、工序之间的交接检查控制、隐蔽工程质量控制、调试和检测以及试验等过程控制。

2）设备监造控制：大型特殊的设备必须派人到工厂监造。

3）中间产品控制。

4）分部分项工程质量验收或评定控制。

5）设计变更、图纸修改、工程洽商、施工变更等资料审查控制。

📖学习提示

需按【考点精华】关键字提示，理解记忆此考点。

必拿分考点33　质量预控方案

🏠 **考点精华**

质量预控方案包括：工序名称、可能出现的质量问题、质量预控措施。

例如：针对薄壁不锈钢管卡压连接可能出现的质量问题提出质量预控方案如下：

1. 工序名称：薄壁不锈钢管卡压连接。

2. 可能出现的质量问题：水平管纵横弯曲及立管垂直偏差大。

3. 质量预控措施：制定管道安装方法及施工过程控制标准，明确薄壁不锈钢管卡压连接方法和不锈钢管道连接方式。

📝 **学习提示**

需按【考点精华】关键字提示，理解记忆此考点；根据背景资料，能够针对某项工序编制相应的质量预控方案。

必拿分考点34　质量控制点的确定原则（2016年案例题）

🏠 **考点精华**

质量控制点是指对工程的性能、安全、寿命、可靠性等有严重影响的关键部位或对下道工序有严重影响的关键工序，其确定原则一般为：

1. 施工过程中的关键工序或关键环节。

2. 关键工序的关键质量特性。

3. 关键质量特性的关键因素。

4. 施工过程中的薄弱环节或质量不稳定的工序。

5. 对下道工序施工质量或安全有重大影响的工序、部位或对象。

6. 隐蔽工程。

7. 采用新技术、新工艺、新材料的部位或环节。

📝**学习提示**

需按【考点精华】关键字提示，理解记忆此考点。

必拿分考点 35 **质量控制点的划分**（2015 年案例题）

🎓**考点精华**

根据控制点对工程质量的影响程度分为 A、B、C 三级。

1. A 级控制点：影响设备和装置的安全运行、使用功能或运行后出现质量问题时必须停车才能处理或合同协议有特殊要求的质量控制点，该控制点必须由施工、监理和业主三方质检人员共同检查确认并签证。

2. B 级控制点：影响下道工序质量的质量控制点，该控制点由施工、监理双方质检人员共同检查确认并签证。

3. C 级控制点：对工程质量影响较小或运行后出现问题可随时处理的质量控制点，由施工方质检人员自行检查确认。

📝**学习提示**

需按【考点精华】关键字提示，理解记忆此考点。

必拿分考点 36 **三检制**（2014 年案例题）

🎓**考点精华**

三检制是指操作人员的"自检"、"互检"和专职质量管理人员的"专检"相结合的检验制度。

1. 自检是指操作人员对自己的施工作业或已完成的分项工程进行自我检验，实现自我控制、自我把关，及时消除异常因素，防止不合格品进入下道工序。

2. 互检是指操作人员之间对已完成的作业或分项工程进行相互检查，它是对自检的一种复核和确认，起到相互监督的作用。互检的形式可以是同组操作人员之间的相互检查，也可以是班组的质量检查员对本班组操作人员的抽检，还可以是下道工序对上道工序的交接检验。

3. 专检是指质量检验员对分部、分项工程进行检验，用以弥补自检、互检的不足。

4. 一般情况下，原材料、半成品、成品的检验以专职检验人员为主，生产过程中各项作业的检验以施工现场操作人员的自检、互检为主，专职检验人员巡回抽检为辅，成品的质量必须进行终检认证。

📝 **学习提示**

需按【考点精华】关键字提示，理解记忆此考点。

必拿分考点 37 | **质量事故处理方式**

🏛 **考点精华**

1. 返工处理

工程质量缺陷经修补后不能满足相关质量标准要求，或不具备补救的可能，必须返工处理。

2. 返修处理

对工程某些部分的质量虽未达到相关规范、标准或设计的要求，但经修补后可以达到要求的质量标准，且不影响使用功能或外观，可返修处理。

3. 限制使用

当工程质量缺陷按返修方法处理后，无法保证达到规定的使用要求和安全要求，而又无法返工处理，可按限制使用处理。

4. 不作处理

对某些工程质量问题虽然达不到规定的要求或标准，但其情况不严重，对工程的使用和安全影响很小，经过分析、论证和设计单位认可后，可不作处理。

5. 报废处理

当采取上述方法仍不能满足规定的要求或标准，则必须报废处理。

📖**学习提示**

需按【考点精华】关键字提示，理解记忆此考点。

2H320080 机电工程项目试运行管理

必拿分考点 38 | **试运行的阶段划分**

🎓 **考点精华**

1. 试运行目的：检验单台机器、生产装置或机械系统的制造、安装质量、机械性能或系统的综合性能，能否达到生产出合格产品的要求。

2. 试运行的阶段划分：单机试运行、联动试运行、负荷试运行。

1）单机试运行：指现场安装的单台驱动装置、单台机器或机组的空载运行，或以空气、水代替设计的工作介质进行的模拟负荷试运行。单机试运行属于工程施工安装阶段的工作内容。确因受介质限制或必须带负荷才能运转而不能进行单机试运行的单台设备，按规定办理批准手续后，可留待负荷试运行阶段一并进行。

2）联动试运行：对试运行范围内的机器、设备、管道、电气、自动控制系统等，在各自达到试运行标准后，以水、空气作为介质进行的模拟运行。

3）负荷试运行：对指定的整个装置或生产线按设计文件规定的介质或原料打通生产流程，进行指定装置的首尾衔接的试运行，以检验其除生产产量指标外的全部性能，并生产出合格产品。负荷试运行是试运行的最终阶段，自装置接受原料开始至生产出合格产品、生产考核结束为止。

📝 **学习提示**

需按【考点精华】关键字提示，理解记忆此考点。

必拿分考点 39 | **试运行责任分工及参加单位**（2015 年案例题）

🎓 **考点精华**

试运行责任分工及参加单位见表 2H320080。

试运行责任分工及参加单位　表 2H320080

运行阶段	负责单位	工作内容	参加单位
单机试运行	施工单位	1. 编制完成试运行方案，并报建设单位审批； 2. 组织实施试运行操作，做好测试、记录	施工单位 监理单位 设计单位 建设单位 重要机械设备生产厂家
联动试运行	建设单位	1. 及时提供各种资源，编制联动试运行方案； 2. 选用和组织试运行操作人员； 3. 实施试运行操作	施工单位 监理单位 设计单位 建设单位 生产单位 重要机械设备生产厂家
负荷试运行	建设单位	1. 负荷试运行方案由建设单位组织生产部门和设计单位、总承包 / 施工单位共同编制； 2. 由生产部门负责指挥和操作	

　　注：若建设单位要委托施工单位（或总承包单位）组织联动试运行，可签订合同进行约定。

📝 **学习提示**

如合同无规定，仅单机试运行由施工单位负责。

必拿分考点 40 单机试运行前应具备的条件（2014 年案例题）

🏠 **考点精华**

1. 机械设备及附属装置、管线已按设计要求和规定的质量标准全部完成。

2. 相关资料和文件齐全有效。

3. 所需动力、材料、机具、检测仪器等符合试运行的要求并确有保证。

4. 润滑、液压、冷却、水、气及电气等系统符合调试要求。

5. 试运行方案已经批准。

6. 试运行组织已经建立，操作人员经培训、考试合格，熟悉试运行方案和操作规程，能正确操作，记录表格齐全，保修人员就位。

7. 对人身或机械设备可能造成损伤的部位，其安全设施和安全防护装置设置完成。

8. 周围环境清扫干净，无粉尘和较大的噪声。

📝 **学习提示**

需按【考点精华】关键字提示，理解记忆此考点。

必拿分考点 41 联动试运行前应具备的条件

🏠 **考点精华**

1. 试运行范围内的工程已按设计文件要求全部完成，并按施工验收规范标准检验合格。

2. 试运行范围内的设备，除必须留待负荷试运行阶段进行外，单机试运行已全部完成并合格。

3. 试运行范围内的设备和管道内部处理及耐压试验、严密性试验全部合格。

4.试运行范围内的电气系统和仪表装置的检测系统、自动控制系统、联锁及报警系统符合规范规定。

5.试运行方案和生产操作规程已经批准。

6.生产管理机构已经建立，各级岗位责任制已经制定，生产记录报表已配备。

7.试运行组织已经建立，参加试运行人员已通过安全生产考试合格。

8.试运行所需燃料、水、电、汽、工业风和仪表风等确保稳定供应，各种物资和测试仪表、工具皆已备齐。

9.试运行方案中规定的工艺指标、报警及联锁整定值已确认并下达。

10.试运行现场有碍安全的机器、设备、杂物均已清理干净。

✎ 学习提示

需按【考点精华】关键字提示，理解记忆此考点。

必拿分考点 42 | 中间交接

🎓 考点精华

联动试运行前必须完成联动试运行范围内工程的中间交接。中间交接是施工单位向建设单位办理工程交接的一个必要程序，它标志着工程施工安装结束，由单机试运行转入联动试运行，目的是为了在施工单位尚未将工程整体移交之前，解决建设（生产）单位操作人员进入所交接的工程进行试运行作业的问题。中间交接只是工程装置的保管、使用责任的移交（管理权的移交），不解除施工单位对交接范围内的工程质量、交工验收应负的责任。

✎ 学习提示

需按【考点精华】关键字提示，理解记忆此考点。

| 必拿分考点 43 | 单机试运行结束后应及时完成的工作 |

考点精华

1. 切断电源和其他动力源。

2. 放气、排水、排污和防锈涂油。

3. 对蓄能器和蓄势腔及机械设备内剩余压力泄压。

4. 对润滑剂的清洁度进行检查，清洗过滤器，必要时更换新的润滑剂。

5. 拆除试运行中的临时装置，恢复拆卸的设备部件及附属装置，对设备几何精度进行必要的复查，各紧固部件复紧。

6. 清理和清扫现场，将机械设备盖上防护罩。

7. 整理试运行记录，试运行合格后由参加单位在规定的表格上共同签字确认。

学习提示

需按【考点精华】关键字提示，理解记忆此考点。

2H320090 机电工程施工安全管理

| 必拿分考点 44 | 职业健康和安全管理实施要点 |

考点精华

1. 安全生产组织

1）专职安全员配置数量：总包项目合同价格 5000 万元以下的工程，配置专职安全员不少于 1 名；1 亿元以上的工程专职安全员不少于 3 名且按专业配置安全生产管理人员。

2）分包单位的施工人员 50 人以下的设置 1 名专职安全员；50~200 人设置 2 名专职安全员；200 人以上的根据所承担的分部、分项工程增配，且不得少于本单位在该项目总人数的 5%。

2. 施工安全管理职责划分

1）项目经理：项目经理对本工程项目的安全生产负全面领导责任，是本项目施工安全第一责任人。

2）项目总工程师：对本工程项目安全生产负技术责任。

3）施工员：对所管辖班组安全生产负直接领导责任。

4）安全员：落实安全设施的设置，对施工全过程安全进行监督，纠正违章作业，配合有关部门发现、排除安全隐患，组织安全教育和全员安全活动，监督劳保用品质量和正确使用。

5）承包人对分包人的安全生产责任：审查分包人的安全施工资格和安全生产保证体系，不将工程分包给不具备安全生产条件的分包人；在分包合同中明确分包人安全生产责任和义务；对分包人提出安全管理要求，并认真监督检查；对违反安全规定冒险蛮干的分包人，责令其停工整改；承包人应统计分包人的伤亡事故，按规定上报，并按分包合同约定协助处理分包人的伤亡事故。

6）分包人安全生产责任：分包人对本施工现场的安全工作负责，认真履行分包合同规定的安全生产责任；遵守承包人的有关安全生产制度，服从承包人的安全生产管理，及时向承包人报告伤亡事故并参与调查，处理善后事宜。

📝 学习提示

掌握专职安全员的配置数量及各级人员应负的安全职责。

必拿分考点 45　安全技术交底制度

🏫 考点精华

1. 安全技术交底制度

1）工程开工前，工程技术人员要将工程概况、施工方法、安全技术措施向全体职工详细交底。

2）分部、分项工程施工前，施工员向所管辖班组进行安全技术交底。

3）两个以上施工队或工种配合施工时，施工员要按工程进度向班组长进行<u>交叉作业的安全技术交底</u>。

4）班组长要认真落实安全技术交底，每天要对工人进行施工要求、作业环境的安全交底。

5）安全技术交底分为施工工种安全技术交底；分部、分项工程安全技术交底；采用新技术、新设备、新材料施工的安全技术交底。

2. 安全技术交底记录

1）施工员进行书面交底后，应保存安全技术交底记录和所有参加交底人员的签字。

2）交底记录由安全员负责整理归档。交底人及安全员应对安全技术交底的落实情况进行<u>检查</u>，发现违章作业应立即采取整改措施，<u>安全技术交底记录一式三份，分别由施工员、施工班组和安全员留存</u>。

📖 **学习提示**

需按【考点精华】关键字提示，理解记忆此考点。

✍ **考点链接**

此考点与 2H320050 必拿分考点 24 对比记忆。

必拿分考点 46 **安全检查**

🏠 **考点精华**

1. 安全检查的内容：<u>查思想、查管理、查隐患、查整改、查事故处理</u>。
2. 安全检查的重点：<u>违章指挥、违章作业</u>。

📖 **学习提示**

需按【考点精华】关键字提示，重点记忆此考点。

必拿分考点47 危险源的种类

🎓 **考点精华**

1. 第一类危险源

施工过程中存在的可能发生意外能量释放（如爆炸、火灾、触电、辐射）而造成伤亡事故的能量和危险物质，包括机械伤害、电能伤害、热能伤害、光能伤害、化学物质伤害、放射和生物伤害。

2. 第二类危险源

导致能量或危险物质的约束或限制措施破坏或失效的各种因素，包括人的行为结果偏离被要求的标准，即人的不安全行为；机械设备、装置、原件、部件等性能低下而不能实现预定功能，即物的不安全状态；由于环境问题促使人的失误或物的故障的发生。

✏️ **学习提示**

需按【考点精华】关键字提示，理解记忆此考点。

必拿分考点48 施工安全技术措施（2015年案例题）

🎓 **考点精华**

1. 动用明火作业的安全技术措施

限制动用明火作业，某些充满油料及易燃、易爆材料的场合不允许动用明火；必须动用明火的，应采取专门的防护措施并预备专门的消防设施和消防人员。

2. 密闭容器内作业的安全技术措施

在密闭容器内作业，空气不流通，容易造成人员窒息和中毒，必须采取空气流通措施，照明电压使用12V安全电压，且行灯电源不得采用塑料软线。

3.吊装作业安全技术措施

1）在主要施工部位、作业点、危险区挂设安全警示牌，夜间施工配备足够照明，按规定设红色警示灯，并装设带自备电源的应急照明。

2）当风速达到 10.8m/s（6级以上）时，必须停止吊装作业。

3）新进场的吊装机械设备在投入使用前，必须按照机械设备技术试验规程和有关规定进行检查、鉴定和试运转，验收合格后方可入场投入使用。大型起重机的行驶道路必须坚实可靠，施工场地必须进行平整、加固，地基承载力满足要求。吊装作业地面应坚实平整，支脚必须支垫牢靠，回转半径内不得有障碍物。

4）施工现场必须选派具有丰富吊装经验的信号指挥人员、司索人员和起重工，并应熟练掌握安全作业的要求，作业人员必须持证上岗，吊装挂钩人员必须做到相对固定。

✎**学习提示**

需按【考点精华】关键字提示，理解记忆此考点。

必拿分考点49 **生产安全事故等级划分**

🎓 **考点精华**

生产安全事故等级划分见表 2H320090。

生产安全事故等级　表 2H320090

事故等级	伤亡人数（R）		直接经济损失 M（万元）
	死亡	重伤	
一般事故	<3	<10	$M<1000$
较大事故	$3 \leq R<10$	$10 \leq R<50$	$1000 \leq M<5000$
重大事故	$10 \leq R<30$	$50 \leq R<100$	$5000 \leq M<10000$
特大事故	$R \geq 30$	$R \geq 100$	$M \geq 10000$

📖 **学习提示**

需按【考点精华】关键字提示，理解记忆此考点。

必拿分考点50 **事故报告**

🎓 **考点精华**

1. 事故发生后，事故现场有关人员应立即向本单位负责人报告，本单位负责人接到报告后，应当在1小时内向事发地县级以上人民政府安全生产监督管理部门和负有安全生产监督管理职责的有关部门报告。紧急情况时，事故现场有关人员可直接向事发地县级以上人民政府上述部门报告，然后逐级及时上报。

2. 一般事故上报至设区的市级上述部门，较大事故上报至省级上述部门，特大和重大事故上报至国务院上述部门。

📖 **学习提示**

判断背景资料中施工单位对事故的上报是否符合要求。

必拿分考点51 **事故调查**

🎓 **考点精华**

1. 特大事故由国务院或国务院授权有关部门组织事故调查组进行调查，重大事故、较大事故、一般事故分别由省级、市级、县级人民政府负责调查。

2. 未造成人员伤亡的一般事故，县级人民政府也可委托事故发生单位组织调查组进行调查。

✎ **学习提示**

需按【考点精华】关键字提示，理解记忆此考点。

2H320100 机电工程施工现场管理

必拿分考点 52 施工现场的沟通协调（2016 年案例题）

🎓 **考点精华**

外部沟通协调的主要对象：

1. 有直接或间接合同关系的单位：建设单位、监理单位、材料设备供应单位。

2. 有洽谈协商记录的单位：设计单位、土建单位、其他安装工程承包单位、供水单位、供电单位。

3. 工程监督检查单位：安监、质监、特检、消防、海关、劳动、税务等单位。

4. 其他单位：公安、交通、医疗、环保、通信、居民等。

✎ **学习提示**

需按【考点精华】关键字提示，理解记忆此考点。

必拿分考点 53 项目部对分包队伍管理的要求

🎓 **考点精华**

1. 总承包单位按照总承包合同的约定对建设单位负责，分包单位按照分包合同的约定对总承包单位负责，总承包单位和分包单位就分包工程对建设单位承担连带责任。

2. 总承包单位应从资质条件、技术装备、技术管理、人员资格以及履约能力等方面对分包单位严格考核与管理。

3. 总承包单位应按要求强化分包队伍的全过程管理。<u>分包合同不能解除总承包单位的任何义务与责任</u>，分包单位的任何违约或疏忽，均会被业主视为违约行为，因此，总承包单位必须重视并指派专人负责对分包方的管理，保证分包合同和总承包合同的履行。

4. <u>分包单位不得再次把工程转包给其他单位。</u>

📖学习提示

需按【考点精华】关键字提示，理解记忆此考点。

必拿分考点 54 | **项目部对分包队伍管理的原则和重点**

🎓 考点精华

1. 管理的原则：<u>分包向总包负责，一切对外有关工程施工活动的联络与传递，如与发包方、设计、监理、监督检查机构等的联络，除经总包方授权同意外，均应通过总包方进行。</u>

2. 管理的重点：<u>特种作业人员培训取证、施工进度计划安排、质量安全监督考核、文明施工管理、甲供物资分配、进度款审核支付、竣工验收考核、竣工结算编制、工程资料移交、重大质量事故和重大安全事故的处理。</u>

📖学习提示

需按【考点精华】关键字提示，理解记忆此考点。

必拿分考点 55 | **施工现场绿色施工措施**

🎓 考点精华

1. 绿色施工总体框架由施工管理、环境保护、节材与材料资源利用、节水与水资源利用、节能与能源利用、节地与施工用地保护六个方面组成。

2. 环境保护

1）扬尘控制

运送土方、垃圾、设备及建筑材料等不污染场外道路；运输易散落、飞扬、流漏的物料必须采取封闭措施，保证车辆清洁；施工现场出口设置洗车槽。

2）噪声与振动控制

使用低噪声、低振动的机具，采取隔声与隔振措施，避免或减少施工噪声和振动；对施工现场的噪声进行监测与控制，使之不超过国家标准。

3）光污染控制

夜间室外照明加设灯罩，透光方向集中在施工范围；电焊作业采取遮挡措施，避免电焊弧光外泄。

4）水污染控制。

5）土壤保护。

6）建筑垃圾控制。

7）地下设施、文物和资源保护。

📝 学习提示

需按【考点精华】关键字提示，理解记忆此考点。

必拿分考点 56　**施工现场文明施工管理**

🎓 考点精华

1. 易燃易爆及有毒有害物品单独存放，并与生活区和施工区保持规定的安全距离，专人管理。

2. 配电系统和施工机具采用可靠的接零或接地保护，配电箱和开关箱均设两级漏电保护。

3.电动机具电源线压接牢固，绝缘完好，无乱拉、扯、压、砸现象；电焊机一、二次线防护齐全，焊把线双线到位，无破损。

学习提示

需按【考点精华】关键字提示，理解记忆此考点。

2H320110 机电工程施工成本管理

必拿分考点57 | **机电工程费用项目组成**

考点精华

1.按工程费用组成划分

建筑安装工程费包括：人工费、材料费、施工机具使用费、企业管理费。

2.按工程量清单组成划分

建筑安装工程费包括：分部分项工程费、措施项目费、其他项目费、规费、税金。

1）分部分项工程费

人工费、材料费、施工机械使用费、企业管理费、利润。

2）措施项目费

安全文明施工费、夜间施工增加费、二次搬运费、冬雨期施工增加费、已完工程及设备保护费、工程定位复测费、特殊地区施工增加费、大型机械设备进出场及安拆费，脚手架工程费。

3）其他项目费

暂列金额、计日工、总承包服务费。

4）规费

社会保险费、工程排污费、住房公积金。

5）税金

营业税、城市维护建设税、教育税附加、地方教育附加。

📝**学习提示**

需按【考点精华】关键字提示，理解记忆此考点。

必拿分考点 58 　**项目成本控制的内容**（2016年单选题）

🎓 **考点精华**

施工阶段项目成本控制的内容：

1. 加强施工任务单和限额领料单的管理。

2. 将施工任务单和限额领料单的结算资料与施工预算进行核对分析。

3. 做好月度成本原始资料的收集和整理，正确计算月度成本，分析月度预算成本与实际成本的差异。

4. 在月度成本核算的基础上实行责任成本核算。

5. 经常检查对外经济合同的履行情况，不符合要求时，应根据合同规定向对方索赔；对缺乏履约能力的单位，要采取断然措施，立即中止合同，并另找可靠的合作单位，以免影响施工，造成经济损失。

6. 定期检查各责任部门和责任者的成本控制情况。

7. 加强施工过程中信息收集，为项目签证及后期结算提供强有力依据。

📝**学习提示**

需按【考点精华】关键字提示，理解记忆此考点。

必拿分考点 59 　**安装工程费的动态控制**

🎓 **考点精华**

1. 人工成本控制

严密劳动组织，合理安排工人进出场时间；严格劳动定额，实行计件工资；强化工人技术素质，提高劳动生产率。

2. 材料成本控制

加强材料采购成本的管理，从量和价两个方面进行控制；加强材料消耗的管理，从限额发料和现场消耗两个方面进行控制。

3. 工程设备成本控制

从设备采购成本、交通运输成本、设备质量成本三个方面进行控制。

4. 施工机具成本控制

按施工方案和施工技术措施中规定的种类和数量安排使用；提高施工机械的利用率和完好率；严格控制对外租赁施工机械，严格控制机械设备进出场时间。

✎ 学习提示

需按【考点精华】关键字提示，理解记忆此考点。

必拿分考点60 | 成本降低率

🎓 考点精华

成本降低率＝（计划成本－实际成本）÷计划成本。

✎ 学习提示

需按【考点精华】关键字提示，理解记忆此考点。

2H320120 机电工程施工结算与竣工验收

必拿分考点61 | 工程价款结算的组成

🎓 考点精华

工程价款的结算分为四个部分：工程预付备料款、工程进度款、工程质量保证金、工程竣工结算。

✎**学习提示**

需按【考点精华】关键字提示，理解记忆此考点。

必拿分考点 62 **工程预付备料款**

🎓**考点精华**

1. 工程预付备料款的性质

工程预付备料款具有双重作用，在建设单位是抵作工程价款，在施工单位是作为生产流动资金。

2. 工程预付备料款的额度和时间

工程预付备料款的额度是按年度完成工作量所需的材料储备来估算的，机电安装工程预付款额度及支付时间一般在合同中约定，以保证及时采购和施工需要。

✎**学习提示**

需按【考点精华】关键字提示，理解记忆此考点。

必拿分考点 63 **工程交付竣工验收的分类**

🎓**考点精华**

工程交付竣工验收分：单位工程竣工验收、单项工程竣工验收、整体工程竣工验收。

✎**学习提示**

需按【考点精华】关键字提示，理解记忆此考点。

必拿分考点 64 竣工验收必须具备的条件

 考点精华

1. 设计文件和合同约定的各项施工内容已经施工完毕。

2. 有完整并经核定的工程竣工资料。

3. 有勘察、设计、施工、监理等单位签署确认的工程质量合格文件。

4. 有工程中使用的主要材料和构配件的进场证明及现场检验报告。

5. 有施工单位签署的工程保修书。

 学习提示

需按【考点精华】关键字提示，理解记忆此考点。

必拿分考点 65 应及时办理竣工验收的工程（2016 年单选题）

 考点精华

下列建设工程应及时办理竣工验收：

1. 有的建设项目基本符合竣工验收标准，只是零星土建工程和少数非主要设备未按设计规定内容全部建成，但不影响正常生产，应办理竣工验收手续。

2. 有的项目投产初期一时不能达到设计所规定的产量，不应因此拖延验收和固定资产移交手续。

3. 有的建设项目或单项工程已形成部分生产能力或实际上已经使用，近期不能按设计规模续建，此时应从实际出发，报主管部门批准后，对已完工程和设备组织验收，移交固定资产。

 学习提示

需按【考点精华】关键字提示，理解记忆此考点。

2H320130 机电工程保修与回访

必拿分考点 66 | **保修的责任范围**

🏠 考点精华

根据《建设工程质量管理条例》的规定，建设工程在保修范围和保修期限内发生质量问题，施工单位应当履行保修义务，并对造成的损失承担赔偿责任。

1. 质量问题确实是<u>由施工单位的施工责任或施工质量不良造成的</u>，施工单位负责修理并承担修理费用。

2. 质量问题是<u>由双方责任造成的</u>，应协商解决，商定各自的经济责任，施工单位负责修理。

3. 质量问题是<u>由建设单位提供的设备、材料等质量不良造成的</u>，由建设单位承担修理费用，施工单位协助修理。

4. 质量问题是<u>由建设单位（用户）造成的</u>，修理费用或重建费用由建设单位承担。

5. 涉外工程的修理按合同规定执行，经济责任按以上原则划分。

📋 学习提示

需按【考点精华】关键字提示，理解记忆此考点；会根据背景资料判断当工程发生质量问题时，由谁负责修理，由谁承担费用。

必拿分考点 67 | **保修期限**

🏠 考点精华

根据《建设工程质量管理条例》的规定，建设工程在正常使用条件下的最低保修期限为：

　　1.建设工程的保修期<u>自竣工验收合格之日起计算</u>。

　　2.电气管线、给水排水管道、设备安装工程保修期为 <u>2 年</u>。

　　3.供热系统和供冷系统的保修期为 2 个采暖期或供冷期。

　　4.其他项目的保修期由发包方与承包方约定。

📑学习提示

　　需按【考点精华】关键字提示，理解记忆此考点。

必拿分考点68 ┃ **工程回访的方式**

🎓考点精华

　　1.季节性回访

　　冬季回访：如冬季回访锅炉房及供暖系统运行情况。

　　夏季回访：如夏季回访<u>通风空调制冷系统</u>运行情况。

　　2.技术性回访

　　主要了解在工程施工过程中所用的<u>新材料、新技术、新工艺、新设备</u>等的技术性能和使用后的效果，发现问题及时解决，便于总结经验，获取科学依据，不断改进完善，为进一步推广创造条件。

　　3.保修期满前的回访

　　一般是在保修即将届满前进行回访。

📑学习提示

　　需按【考点精华】关键字提示，理解记忆此考点；根据背景资料判断施工单位应进行什么回访，回访的主要内容是什么。

3

2H330000
机电工程项目施工相关法规与标准

2H331000 机电工程施工相关法规

2H331010《计量法》相关规定

 必拿分考点1 施工计量器具管理范围（2014、2016年单选题）

🎓 **考点精华**

1. 强制检定

强制检定是指计量标准与工作计量器具必须定期定点由法定或授权的计量检定机构检定，强制检定的计量器具包括：

1）社会公用计量标准器具。

2）部门和企业、事业单位使用的最高计量标准器具。

3）用于贸易结算、安全防护、医疗卫生、环境监测等方面的列入强制检定目录的工作计量器具。

2. 非强制检定

非强制检定的计量器具可由使用单位依法自行定期检定，本单位不能检定的，由有权开展量值传递工作的计量检定机构进行检定。

3.施工计量器具检定范畴

1）属于强制检定范畴的，用于贸易结算、安全防护、医疗卫生、环境监测等方面的列入强制检定目录的工作计量器具，如用电计量装置、兆欧表、绝缘电阻表、接地电阻测量仪、声级计等。

2）企业使用的最高计量标准器具。

3）非强制检定的工作计量器具：凡是列入《中华人民共和国依法管理的计量器具目录》的计量器具，除列入强制检定的计量器具外，都属于非强制检定的范围，如电压表、电流表、电阻表等。

📝 学习提示

1.强制检定的特点及计量器具包括哪些；2.非强制检定的特点及非强制检定计量器具包括哪些。

必拿分考点2 施工计量器具使用的管理规定

🎓 考点精华

1.对属于强制检定范围的计量器具进行强制检定，未按规定申请检定或检定不合格的，不得使用。

2.未经国务院计量行政部门批准，任何单位和个人不得拆卸、改装计量基准，或自行中断其计量检定工作。

3.非强制检定计量器具的检定周期，由企业根据计量器具的实际使用情况，本着科学、经济和量值准确的原则自行确定。

4.企业、事业单位计量标准器具的使用，必须具备下列条件：

1）经计量检定合格。

2）具有正常工作所需要的环境条件。

3）具有称职的保存、维护、使用人员。

4）具有完善的管理制度。

5. 任何单位和个人不得经营销售残次计量器具零配件，不得使用残次零配件组装和修理计量器具，不得在工作岗位上使用无检定合格印、证或者超过检定周期以及检定不合格的计量器具。

📝学习提示

需按【考点精华】关键字提示，理解记忆此考点。

必拿分考点3　**确定计量器具的选择原则**

🎓**考点精华**

1）应与所承揽的工程项目的内容、检测要求以及所确定的施工方法和检测方法相适应。检测器具的测量极限误差必须小于或等于被测对象所能允许的测量极限误差。

2）所选用的计量器具和设备，必须具有技术鉴定书或产品合格证书。

3）所选用的计量器具和设备，在技术上是先进的，操作培训是较容易的，坚实耐用易于运输，检定地点在工程所在地附近的，使用时其比对物质和信号源易于保证。尽量不选尚未建立检定规程的测量器具。

📝学习提示

需按【考点精华】关键字提示，理解记忆此考点。

必拿分考点4　**分类管理计量器具**（2015 年单选题）

🎓**考点精华**

1.A 类计量器具范围

1）施工企业最高计量标准器具和用于量值传递的工作计量器具，如：

零级刀口尺、一级平晶、直角尺检具、水平仪检具、百分尺检具、百分表检具、千分表检具、自准直仪、立式光学计、标准活塞式压力计等。

2）列入国家强制检定目录的工作计量器具，如：兆欧表、接地电阻测量仪、X射线探伤机等。

2. B类计量器具范围

用于工艺控制，质量检测及物资管理的计量器具，如：卡尺、千分尺、百分尺、千分表、水平仪、直角尺、塞尺、水准仪、经纬仪、焊接检验尺、超声波测厚仪、5m以上卷尺（不含5m）；温度计、温度指示仪；压力表、测力计、转速表、衡器、硬度计、材料试验机、天平；电压表、电流表、欧姆表、电功率表、功率因数表；电桥、电阻箱、检流计、万用表、标准电阻箱、校验信号发生器；示波器、图示仪、直流电位差计、超声波探伤仪、分光光度计等。

3. C类计量器具范围

1）计量性能稳定，量值不易改变，低值易耗且使用要求精度不高的计量器具，如：钢直尺、弯尺、5m以下的钢卷尺等。

2）与设备配套，平时不允许拆装的指示用计量器具，如：电压表、电流表、压力表等。

3）非标准计量器具，如：垂直检测尺、游标塞尺、对角检测尺、内外角检测尺等。

📝 学习提示

各类计量器具分别包括哪些计量器具。

必拿分考点5　**施工现场计量器具使用要求**

🎓 考点精华

1. 工程开工前，项目部应根据项目质量计划、施工组织设计、施工方案对检测设备的精度要求和生产需要，编制《计量检测设备配备计划书》。

2.项目经理部必须设专（兼）职计量管理员，其工作内容包括：

1）建立计量器具台账。

2）负责计量器具周期送检。

3）负责巡视计量器具的完好状态。

✑学习提示

需按【考点精华】关键字提示，理解记忆此考点。

必拿分考点6 **施工现场计量器具保管、维护和保养制度**

🎓 考点精华

1.计量检测设备应有明显的"合格"、"禁用"、"封存"等标志标明计量器具所处的状态。

1）合格：周检或一次性检定能满足质量检测、检验和试验要求的。

2）禁用：检定不合格或使用中严重损坏，缺损的。

3）封存：根据使用频率及生产经营情况，暂停使用的。

2.封存的计量器具重新启用时，必须经检定合格后，方可使用。

3.对电容类仪器、仪表，应经常检查绝缘性能和接地。

✑学习提示

了解"合格"、"禁用"、"封存"的概念。

2H331020《电力法》相关规定

必拿分考点7 | **用电手续的规定**

考点精华

1. 申请新装用电、临时用电、增加用电容量、变更用电和终止用电，应当依照规定的程序办理手续。

2. 用户办理用电手续的规定

1）如果总承包合同约定，工程项目的用电申请由承建单位负责或仅施工临时用电申请由承建单位负责，则施工总承包单位需携带建设项目受电工程设计文件和有关资料，到工程所在地管辖的供电部门，依法按程序、制度和收费标准办理用电申请手续。

2）如果工程项目地处偏僻，虽用电申请已受理，但自电网引入的线路施工和通电尚需一段时间，而工程又急需开工，则总承包单位通常是用自备电源（如柴油发电机组）先行解决用电问题，此时，总承包单位要告知供电部门并征得同意，同时要妥善采取安全技术措施，防止自备电源误入市政电网。

3）如果仅申请施工临时用电，施工临时用电结束或施工用电转入建设项目电力设施供电，总承包单位应及时向供电部门办理终止用电手续。

4）办理申请用电手续要签订协议或合同，规定供电和用电双方的权利和义务，用户有保护供电设施不受危害，确保用电安全的义务，同时还应明确双方维护检修的界限。

学习提示

判断施工单位使用临时用电是否符合要求。

必拿分考点8 | 用电计量装置及其规定（2015年单选题）

🎓 考点精华

1. 用电计量装置包括<u>计费电能表、电压互感器、电流互感器、二次接线导线</u>。

2. 用电计量装置属于<u>强制检定范畴</u>，由<u>省级计量行政主管部门依法授权</u>的计量检定机构进行检定。

3. 用电计量装置的设计应征得<u>当地供电部门的认可</u>，施工单位安装完毕后应由<u>供电部门检查确认</u>。

4. 供电企业在新装、换装及现场校验后应对用电计量装置<u>加封</u>，并请用户在工作凭证上签章。

5. 用电计量装置原则上装在供电设施的<u>产权分界处</u>。

📖 学习提示

需按【考点精华】关键字提示，理解记忆此考点；重点掌握用电计量装置包括的内容。

必拿分考点9 | 临时用电安全管理

🎓 考点精华

1. 临时用电应编制<u>临时用电施工组织设计</u>，或编制<u>安全用电技术措施和电气防火措施</u>。

2. 临时用电施工组织设计应由<u>电气技术人员</u>编制，项目部技术负责人审核，经主管部门批准后实施。

3. 临时用电工程必须由<u>持证电工</u>施工。

4.临时用电工程应定期检查，施工现场<u>每月</u>一次，基层公司<u>每季</u>一次。基层公司检查时，<u>应复测接地电阻值</u>，对不安全因素，应及时处理，并履行复查验收手续。

📏**学习提示**

需按【考点精华】关键字提示，理解记忆此考点。

必拿分考点 10 **电力设施保护主体**

🎓 **考点精华**

电力设施的保护主体有：<u>电力管理部门、公安部门、电力企业、人民群众</u>。

📏**学习提示**

需按【考点精华】关键字提示，理解记忆此考点。

必拿分考点 11 **电力设施保护范围和保护区**（2014 年单选题）

🎓 **考点精华**

1.电力线路设施保护范围

包括：架空电力线路、电力电缆线路、电力线路上的电器设备、电力调度设施。

其中电力线路上的电器设备包括：变压器、电容器、电抗器、断路器、隔离开关、避雷器、互感器、熔断器、计量仪表装置、配电室、箱式变电站及其有关辅助设施。

2.架空电力线路保护区

架空电力线路导线边线向外侧水平延伸的距离见表 2H331020 和图

2H331020。

架空电力线路边线向外侧水平延伸的距离   表 2H331020

电压等级（kV）	延伸距离（m）
1~10	5
35~110	10
154~330	15
500	20

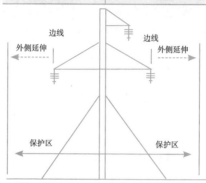

图 2H331020   架空电力线路保护区

3. 电力电缆线路保护区

包括：地下电缆、海底电缆、江河电缆等保护区。

📝**学习提示**

需按【考点精华】关键字提示，理解记忆此考点。

必拿分考点 12   **电力设施保护范围和保护区内规定**（2016年单选题）

🎓 **考点精华**

1. 在电力设施周围进行爆破及其他可能危及电力设施安全的作业时，应按照国务院有关电力设施保护的规定，经批准并采取确保电力设施安全的措施后，方可进行作业。

2. 任何单位和个人不得在依法划定的电力设施保护区内修建可能危及电力设施安全的建筑物、构筑物，不得种植可能危及电力设施安全的植物，不得堆放可能危及电力设施安全的物品；同样，电力管理部门应当按照国务院有关电力设施保护的规定，对电力设施保护区设立标志。

3. 任何单位和个人不得在距电力设施周围 500m 范围内进行爆破作业，因工作需要必须进行爆破作业时，应当按国家颁发的有关爆破作业的法律法规，采取可靠的安全防范措施，确保电力设施安全，并征得当地电力设施产权单位或管理部门的书面同意，报经政府有关管理部门批准，在规定范围外进行的爆破作业必须确保电力设施的安全。

4. 为防止架空电力线路杆塔基础遭到破坏，根据各电压等级确定杆塔周围禁止取土的范围，35kV 的禁止取土范围为 4m；110~220kV 的禁止取土范围为 5m；330~500kV 的禁止取土范围为 8m。

📝 学习提示

需按【考点精华】关键字提示，理解记忆此考点。

必拿分考点 13　电力设施相邻关系纠纷及其处理原则

🏠 考点精华

电力线路与其他工程纠纷的处理原则：

1. 协商原则；

2. 优先原则；

3. 安全措施原则；

4. 一次性补偿原则；

5. 签订后续管理责任协议原则。

📝 学习提示

需按【考点精华】关键字提示，理解记忆此考点。

必拿分考点 14　违反电力设施保护区规定的处罚

🏠 **考点精华**

1. 未经批准或者未采取安全措施在电力设施周围或者在依法划定的电力设施保护区内进行作业，危及电力设施安全的，<u>由电力管理部门责令停止作业、恢复原状并赔偿损失</u>。

2. 在依法划定的电力设施保护区内修建建筑物、构筑物或者种植植物、堆放物品，危及电力设施安全的，<u>由当地人民政府责令强制拆除、砍伐或者清除</u>。

✏️ **学习提示**

需按【考点精华】关键字提示，理解记忆此考点。

2H331030《特种设备安全法》相关规定

必拿分考点 15　特种设备的种类和范围（2014 年单选题）

🏠 **考点精华**

1. 特种设备安全法所称特种设备，是指对人身和财产安全有较大危险的设备设施。包括：<u>锅炉、压力容器（含气瓶）、压力管道、电梯、起重机械、客运索道、大型游乐设施、场（厂）内专用机动车辆</u>等。

2. 特种设备包括其<u>附属的安全附件、安全保护装置和与安全保护装置相关的设施</u>。

3. 国家对特种设备实行目录管理，特种设备的目录由国务院负责特种设备安全监督管理的部门制订，报国务院批准后执行。

学习提示

需按【考点精华】关键字提示，理解记忆此考点。

必拿分考点 16 锅炉、压力容器、压力管道的分类

考点精华

1. 锅炉分类

按综合分类：<u>承压蒸汽锅炉、承压热水锅炉、有机热载体锅炉、小型锅炉</u>。

2. 压力容器分类

按类别分类，分为：<u>Ⅰ类压力容器、Ⅱ类压力容器、Ⅲ类压力容器</u>。

3. 压力管道分类

按安装许可类别和级别分类：

1）长输管道：GA 类，又分为 GA1、GA2 级。

2）公用管道：GB 类，又分为 GB1（燃气管道）、GB2（热力管道）级。

3）工业管道：GC 类，又分为 GC1、GC2、GC3 级。

4）动力管道：GD 类，又分为 GD1、GD2 级。

4. 工业管道分级

1）符合下列条件之一的工业管道为 <u>GC1 级</u>：

输送毒性程度为极度危害介质，高度危害气体介质和工作温度高于其标准沸点的高度危害的液体介质的管道；例如，输送汞及其化合物、<u>氯乙烯、氰化物</u>等极度危害介质及<u>苯、二硫化碳、氯</u>等气体介质的管道。

输送火灾危险性为<u>甲、乙类可燃气体</u>或<u>甲类可燃液体</u>的管道（包括液化烃），并且设计压力 $P \geqslant 4.0\text{MPa}$ 的管道，如氧气管道。

输送流体介质且设计压力 $P \geqslant 10.0\text{MPa}$，或设计压力 $P \geqslant 4.0\text{MPa}$ 且设计温度 $\geqslant 400℃$的管道。

2）符合下列条件的工业管道为 GC2 级：

除以下的 GC3 级管道外，介质毒性程度、火灾危险性、设计压力和设计温度低于上述规定的 GC1 级的工业管道。

3）符合下列条件的工业管道为 GC3 级：

输送无毒、非可燃流体介质，设计压力 $P \leq 1.0MPa$，且设计温度高于 –20℃但不高于 185℃的管道。

📖**学习提示**

需按【考点精华】关键字提示，理解记忆此考点。

必拿分考点 17 | **特种设备的开工许可**

🏠 **考点精华**

1. 特种设备安全法规定：特种设备安装、改造、修理的施工单位应当在施工前将拟进行的特种设备安装、改造、修理情况书面告知直辖市或者设区的市级人民政府负责特种设备安全监督管理的部门。

2. 书面告知应提交的材料包括：《特种设备安装改造维修告知书》；施工单位及人员资格证件；施工组织与技术方案（包括项目相关责任人员任命、责任人员到岗质控点位图）；工程合同；安装改造维修监督检验约请书；机电类特种设备制造单位的资质证件。

📖**学习提示**

需按【考点精华】关键字提示，理解记忆此考点；重点掌握 GC1 级管道涵盖的范围。

✏️ **考点链接**

此考点与 2H314060 必拿分考点 135 对比记忆。

必拿分考点 18 电梯的制造、安装、改造和修理

🎓 **考点精华**

电梯的安装、改造、修理必须由电梯制造单位或其委托的依照特种设备安全法取得相应许可的单位进行，电梯制造单位委托其他单位进行电梯安装、改造、修理的，应当对其安装、改造、修理活动进行安全指导和监控，并按照安全技术规范的要求对电梯进行校验和调试，电梯制造单位对校验和调试的结果、电梯安全性能负责。

✍ **学习提示**

1. 电梯由谁安装；2. 电梯由谁校验调试。

必拿分考点 19 监督检验（2016 年单选题）

🎓 **考点精华**

锅炉、压力容器、压力管道元件等特种设备的制造过程和锅炉、压力容器、电梯、起重机械、客运索道、大型游乐设施的安装、改造、重大修理过程，应当经特种设备检验机构按照安全技术规范的要求进行监督检验，未经监督检验或者监督检验不合格的，不得出厂或交付使用。

✍ **学习提示**

需按【考点精华】关键字提示，理解记忆此考点。

必拿分考点 20 | **特种设备检验检测机构**

 考点精华

1.特种设备检验检测机构的要求

1）经特种设备安全监督管理部门核准。

2）特种设备检验检测工作符合安全技术规范的要求。

3）对其检验检测结果、鉴定结论承担法律责任。

4）发现严重事故隐患，应当及时告知、立即报告。

2.特种设备检验检测机构应当具备的条件

1）有与检验检测工作相适应的检验检测人员。

2）有与检验检测工作相适应的检验检测仪器和设备。

3）有健全的检验检测管理制度和责任制度。

学习提示

需按【考点精华】关键字提示，理解记忆此考点。

2H332000 机电工程施工相关标准

2H332010 工业安装工程施工质量验收统一要求

必拿分考点 21 | **工业安装工程施工质量验收的项目划分**（2015年单选题）

考点精华

工业安装工程施工质量验收应划分为检验批、分项工程、分部工程、单位工程。

1. 分项工程的划分原则

1）工业设备安装按设备的台、套、机组划分。

2）工业管道安装按管道类别划分。

3）电气装置安装按电气设备、电气线路划分。

4）自动化仪表安装按仪表类别、安装试验工序划分。

5）工业设备及管道防腐按设备台、套或主要防腐材料的种类划分。

6）设备绝热以相同的工作介质按台、套划分，管道绝热按相同的工作介质划分。

7）工业炉砌筑按工业炉的结构组成或区段划分。

2. 分部工程的划分原则

分部工程按专业划分为工业设备安装、工业管道安装、电气装置安装、自动化仪表安装、工业设备及管道防腐、工业设备及管道绝热、工业炉砌筑等七个分部工程。

3. 单位工程的划分原则

单位工程按厂房、车间、工号、区域进行划分。

✎ 学习提示

需按【考点精华】关键字提示，理解记忆此考点。

✐ 考点链接

此考点与 2H332020 必拿分考点 24 对比记忆。

必拿分考点 22 ┃ **工业安装工程施工质量验收的程序与组织**（2014 年多选题）

🏠 考点精华

1. 工业安装工程施工质量验收的程序

工业安装工程施工质量验收按检验批、分项工程、分部工程、单位工程依次进行。

2. 工业安装工程施工质量验收组织（表 2H332010-1）

工业安装工程施工质量验收组织　表 2H332010-1

	分项工程	分部工程（子分部）	单位工程（子单位）
组织方	建设单位 专业技术负责人 （监理工程师）	建设单位 项目负责人 （总监理工程师）	建设单位 项目负责人
参与方	施工单位 专业技术质量负责人	施工、监理、设计等单位项目负责人和技术负责人	施工、监理、设计、质量监督部门的项目负责人

3. 工程分包施工验收

当工程由分包单位施工时，分包单位对所承建的分项、分部工程向总包单位负责，总包单位参加分包单位分项、分部工程的检验，并汇总有关资料，总包单位对分包工程质量全面负责，并由总包单位报验。

📖学习提示

需按【考点精华】关键字提示，理解记忆此考点。

✎ 考点链接

此考点与 2H332020 必拿分考点 25 对比记忆。

必拿分考点 23 **工业安装工程施工质量合格的规定**（2014 年案例题、2015 年案例题、2016 年单选题）

🎓 **考点精华**

工业安装工程质量验收评定见表 2H332010-2。

工业安装工程质量验收评定　表 2H332010-2

	分项工程	分部工程 （子分部工程）	单位工程 （子单位工程）
质量验收 记录表填写人	施工单位质量检验员	施工单位	施工单位
质量验收结论 合格／不合格	建设（监理）单位	建设（监理）单位	建设（监理）单位
质量验收 记录表签字人	1. 施工单位专业技术质量负责人 2. 建设单位专业技术负责人 3. 监理工程师	1. 建设单位项目负责人 建设单位项目技术负责人 2. 总监理工程师 3. 施工单位项目负责人 施工单位项目技术负责人 4. 设计单位项目负责人	1. 建设单位（盖章）建设单位项目负责人 2. 监理单位（盖章）总监理工程师 3. 施工单位 施工单位项目负责人 4. 设计单位（盖章）设计单位项目负责人
质量验收 记录表填写内容	检验项目 施工单位检验结果 建设（监理）单位验收结论	分项工程名称 检验项目数 施工单位检查评定结论 建设（监理）单位验收结论	分部工程验收记录 质量控制资料验收记录
合格标准	分项工程所含检验项目质量合格 分项工程质量控制资料齐全	分部工程所含分项工程质量合格 分部工程质量控制资料齐全	单位工程所含分部工程质量合格 单位工程质量控制资料齐全
单位工程 （子单位工程） 质量控制资料 检查记录表	1. 名称、份数由施工单位填写 2. 检查意见、检查人由建设（监理）单位填写 3. 结论由参加双方共同商定，建设单位填写 4. 签字人：建设单位项目负责人（总监理工程怖），施工单位项目负责人		

📝 **学习提示**

需按【考点精华】关键字提示，理解记忆此考点。

✏️ **考点链接**

此考点与 2H332020 必拿分考点 26 对比记忆。

2H332020 建筑安装工程施工质量验收统一要求

必拿分考点 24 **建筑安装工程施工质量验收的项目划分**（2014、2015 年单选题）

🎓 **考点精华**

建筑工程可划分为检验批、分项工程、分部工程、单位工程。

1. 检验批的划分原则

检验批按工程量、楼层、施工段、变形缝进行划分。

2. 分项工程的划分原则

分项工程按主要工种、材料、施工工艺、用途、种类及设备类别进行划分。

3. 分部工程的划分原则

分部工程按专业性质、工程部位进行划分。建筑安装工程按《建筑工程施工质量验收统一标准》划分为五个分部工程：建筑给水排水及供暖工程、建筑电气工程、通风与空调工程、电梯工程、智能建筑工程。

4. 单位工程的划分原则

具备独立施工条件并能形成独立使用功能的建筑物或构筑物为一个单位工程。

✎ **学习提示**

需按【考点精华】关键字提示，理解记忆此考点。

✎ **考点链接**

此考点与 2H332010 必拿分考点 21 对比记忆。

必拿分考点 25 | 建筑安装工程施工质量验收的程序与组织

1. 建筑安装工程施工质量验收的程序

检验批→分项工程→分部工程→单位工程。

2. 建筑安装工程施工质量验收的组织（表 2H332020-1）

建筑安装工程施工质量验收的组织　表 2H332020-1

	检验批、分项工程	分部工程	单位工程
组织方	建设单位项目技术负责人（专业监理工程师）	建设单位项目负责人（总监理工程师）	建设单位负责人
参与方	施工单位专业工长 专业质量检查员 项目专业技术负责人	施工单位项目负责人 技术、质量负责人	施工单位负责人 监理单位负责人 设计单位负责人

✎ **学习提示**

需按【考点精华】关键字提示，理解记忆此考点。

✎ **考点链接**

此考点与 2H332010 必拿分考点 22 对比记忆。

必拿分考点 26 | **建筑安装工程施工质量合格的规定**（2016年单选题）

🎓 **考点精华**

1. 建筑安装工程施工质量验收合格规定（表 2H332020-2）

建筑安装工程施工质量验收合格规定　表 2H332020-2

	建筑安装工程施工质量验收合格的规定
检验批	1. 主控项目和一般项目的质量经抽样检验合格。（质量） 2. 具有完整的施工操作依据、质量检查记录。（资料）
分项工程	1. 分项工程所含检验批质量均应验收合格。（质量） 2. 分项工程所含检验批的质量验收记录应完整。（资料）
分部工程	1. 分部工程所含分项工程质量均应验收合格。（质量） 2. 质量控制资料完整。（资料） 3. 有关安全、节能、环境保护和主要使用功能的抽样检测结果符合规定。 4. 观感质量符合要求。（观感）
单位工程	1. 单位工程所含分部工程质量均应验收合格。（质量） 2. 质量控制资料完整。（资料） 3. 所含分部工程有关安全、节能、环境保护和主要使用功能的检测资料完整。 4. 主要功能项目的抽查结果符合相关专业质量验收规范的规定。 5. 观感质量符合要求。（观感）

2. 单位工程质量验收合格的条件除构成单位工程的各分部工程合格，且有关资料文件完整以外，还应进行以下三个方面的检查：

1）涉及安全、节能、环境保护和使用功能的分部工程应进行检验资料的复查。

2）对主要使用功能进行抽查。

3）由参加验收的各方人员共同进行观感质量检查，共同决定是否通过验收。

✏️ **学习提示**

需按【考点精华】关键字提示，理解记忆此考点。

考点链接

此考点与 2H332010 必拿分考点 23 对比记忆。

2H333000 二级建造师（机电工程）注册执业管理规定及相关要求

必拿分考点 27 **二级建造师（机电工程）注册执业工程范围**（2014年单选题、2015年多选题）

考点精华

1. 机电工程项目工程规模标准按机电安装、石油化工、冶炼、电力四个专业设置。

2. 机电安装、石油化工、冶炼、电力各专业工程又分别包括以下工程。

1）机电安装工程

包括：一般工业、民用、公用机电安装工程、净化工程、动力站安装工程、起重设备安装工程、消防工程、轻纺工业建设工程、工业炉窑安装工程、电子工程、环保工程、体育场馆工程、机械汽车制造工程、森林工业建设工程。

2）石油化工工程

包括：石油天然气建设（油田、气田地面建设工程）、海洋石油工程、石油天然气建设（原油、成品油储库工程，天然气储库、地下储气库工程）、石油天然气原油、成品油储库工程、天然气储库、地下储气库工程、石油炼制工程、石油深加工、有机化工、无机化工、化工医药工程、化纤工程。

3）冶炼工程

包括：烧结球团工程、焦化工程、冶金工程、制氧工程、煤气工程、建材工程。

4）电力工程

包括：火电工程（含燃气发电机组）、送变电工程、核电工程、风电工程。

📖学习提示

需按【考点精华】关键字提示，理解记忆此考点。

必拿分考点 28 | **机电工程注册建造师填写签章文件的工程类别**

🎓考点精华

1. 签章文件类别

机电安装工程、电力工程、冶炼工程签章文件类别均为 7 类，即：施工组织管理、合同管理、施工进度管理、质量管理、安全管理、现场环保文明施工管理、成本费用管理。石油化工工程 6 类，其中安全管理和现场环保文明施工管理合并为 1 个类别。

2. 各类签章文件一般包含的文件

1）施工组织管理文件

图纸会审、设计变更联系单；施工组织设计报审表；主要施工方案、吊装方案、临时用电方案的报审表；劳动力计划表；特殊或特种作业人员资格审查表；关键或特殊过程人员资格审查表；工程开工报告；工程延期报告；工程停工报告；工程复工报告；工程竣工报告；工程交工验收报告；建设监理政府监管单位外部协调单位联系单；工程一切保险委托书。

2）合同管理文件

分包单位资质报审表；工程分包合同；劳务分包合同；材料采购总计划表；工程设备采购总计划表；工程设备、关键材料招标书和中标书；合同变更和索赔申请报告。

3）施工进度管理文件

总进度计划报批表；分部工程进度计划报批表；单位工程进度计划报审表；分包工程进度计划批准表。

4）质量管理文件

单位工程竣工验收报验表；单位（子单位）工程安全和功能检验资料核查及主要功能抽查记录；单位（子单位）工程观感质量检查记录表；主要隐蔽工程质量验收记录；单位和分部工程及隐蔽工程质量验收记录的签证与审核；单位工程质量预验（复验）收记录；单位工程质量验收记录；中间交工验收报告；质量事故调查处理报告；工程资料移交清单；工程质量保证书；工程试运行验收报告。

5）安全管理文件

工程项目安全生产责任书；分包安全管理协议书；施工安全技术措施报审表；施工现场消防重点部位报审表；施工现场临时用电、用火申请书；大型施工机具检验、使用检查表；施工现场安全检查监督报告；安全事故应急预案、安全隐患通知书；施工现场安全事故上报、调查、处理报告。

6）现场环保文明施工管理文件

施工环境保护措施及管理方案报审表；施工现场文明施工措施报批表。

7）成本费用管理文件

工程款支付报告；工程变更费用报告；费用索赔申请表；费用变更申请表；月工程进度款报告；工程经济纠纷处理备案表；阶段经济分析的审核；债权债务总表；有关的工程经济纠纷处理；竣工结算申报表；工程保险（人身、设备、运输等）申报表；工程结算审计表。

📖 学习提示

需按【考点精华】关键字提示，理解记忆签章文件的类别，了解各类签章文件包含的内容。